週末動手做 **鋼彈模型**

完美 PERFECT 組裝妙招集

～鋼彈簡單收尾技巧推薦～

拼裝製作篇

前言

　　將複數的鋼彈模型拿來搭配一番，藉此做出自己心目中的理想原創鋼彈模型作品，這正是拼裝製作的奧妙所在。儘管現今有許多玩家都很樂於自行拼裝搭配，但似乎也有不少人仍覺得這種做法「好難喔！」對吧？畢竟要用上許多款鋼彈模型會很花錢、留下多餘零件挺浪費的，況且要好好地製作完成似乎也很難……不過各位請放心！在這本完美組裝妙招集新作中收羅了任誰都能輕鬆地辦到，從基礎開始講解起的各式拼裝製作訣竅。基本上也只會使用到2款鋼彈模型喔。範例從完全未經改造只使用單一套件做出變化，以及利用身邊物品施加如同暑期創作風格的改造，甚至是巧妙做出能夠變形的題材都有，內容可說是五花八門呢。無論是模型初學者或身經百戰的老手玩家，肯定都能從中獲得啟發！若是本書能促成各位趁著悠閒的週末時光動手做模型，完成一件足以拿在手中欣賞讚嘆「這就是我的鋼彈模型！」的作品，那將會是筆者的榮幸。

Teppei HAYASHI

林 哲平

※本書乃是將在HOBBY JAPAN月刊2021年3月號（2021年1月25日發行）～2022年3月號（2022年1月25日發行）
連載的「週末動手做 鋼彈模型完美組裝妙招集 拼裝製作篇」單元集結成冊，並且加入全新攝影圖片、加筆內容，以及
為本書全新製作的單元而成。
※本書所刊載的範例均為模型原創作品，與SUNRISE的官方設定無關，尚請諒察。

CONTENTS

對拼裝製作來說很方便的 15 種首選推薦工具用品

首先要介紹15種有益於進行拼裝製作的首選推薦工具用品。並非沒有備妥就做不了模型，但只要有了這些工具用品，不僅製作起來會輕鬆許多，有時還能從中獲得靈感，可說是好處多多。如果您看了之後覺得「居然有這種工具用品存在！」那麼建議評估一下買來使用喔。

▲ NICHIBAN 製雙面膠帶強力型

拼裝製作時最重要的，就屬事前做好規劃了。要做到這點不免得頻繁拆裝零件，假如一下子就把零件給黏起來，之後便會無法重來，因此想要既不對零件進行加工，又要能輕鬆地拼裝零件的話，那麼就使用雙面膠帶來固定吧。這款 NICHIBAN 製雙面膠帶不僅黏力很強，剝除後還不會留下殘膠，是相當不錯的產品呢。除了用於規劃拼裝製作之外，亦可利用在只是想稍微固定一下的地方，使用起來真的相當方便喔。

▲ WAVE 製零件拆解器

在規劃拼裝製作的計畫時，免不了得反覆地組裝和拆開零件。不過鋼彈模型的零件精確度很高，一旦將零件彼此組裝起來就會很難徒手開開，因此只要有了零件拆解器這種專用的工具，拆解作業就會輕鬆許多。這種工具在按照鋼彈模型原樣進行製作時也能派上不少用場，可說是和斜口剪一樣相當重要的工具。

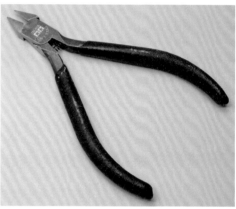

▲ TAMIYA 製薄刃斜口剪（修剪注料口用）

這款工具並非使用在原有的修剪注料口作業上，而是拿來作為初步修剪的斜口剪。在進行拼裝製作時，為了確保零件能彼此組裝在一起，免不了得經常進行修剪作業，但要是使用刀刃較厚的斜口剪去修剪零件，很容易會用力過度，導致連必須保留的部位都產生破損。這款斜口剪雖說是薄刃型，左右兩側的刀刃強度卻都相當高，以用來對塑膠零件進行加工的程度來說，刀刃並不會輕易地受損缺角。

◀ OLFA 製筆刀

進行拼裝製作時，需要削掉多餘部分的作業其實不少，遇到這類需求之際最能發揮功用的工具就屬筆刀了。只要先拿初步修剪用的斜口剪進行大致修剪，再用筆刀把修剪過的部位切削工整，這樣處理起來就會方便很多。由於筆刀的刀刃既薄又銳利，因此也能作為零件拆解器的代用品，將刀刃插進零件之間以扳開零件。

BOOKS

▲ HOBBY JAPAN 月刊 我的薩克選拔賽結果發表號

按照慣例，HOBBY JAPAN月刊每年的1月號均為我的薩克選拔賽結果發表號，這是一場有時會多達超過2000件作品報名的大規模模型賽事。其中亦有不少出色的拼裝類作品參賽，相當值得參考。筆者不僅會欣賞得獎作品，就連刊載了所有一般參賽作品的頁面也會全數過目。只要參考這些發揮想像力做出的各式作品，肯定能激發出更為熱烈的創作企圖心。

▲ GSI Creos 製手鑽5枝套組

這是最值得推薦給模型初學者的手鑽套組。進行拼裝製作之際，免不了會碰上需要將相異零件給連接起來的需求，在這種情況下就得自行鑽挖開孔以備打樁或設置軸棒之用，此時有手鑽的話會很方便，而這套工具更是手鑽握柄與鑽頭連為一體的款式，用不著花功夫去更換鑽頭。套組中內含1mm～3mm這5種最常使用到的尺寸，幾乎足以對應各種鑽挖開孔的作業。

▲ TAMIYA 模型膠水＆模型膠水速乾流動型

進行拼裝製作時，不時會需要把原本沒有必要黏合的零件給黏合起來，就鋼彈模型的零件來說，這種能夠經由微幅溶解塑膠做到牢靠地黏合在一起的聚苯乙烯系膠水，肯定是作業之際不可或缺的。高黏稠度型的黏合力很強，但需要等上一段時間才會乾燥。相對地，速乾型乾燥得很快，黏合力卻比較弱，因此必須視情況和需求分別選用這兩種模型膠水。

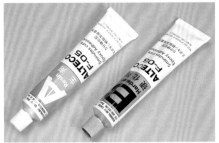

▲ ALTECO 製 5 分鐘硬化型 AB 膠 F-05

這是雙液混合型的 AB 膠（環氧樹脂膠水）。硬化後會呈現橡膠狀，由於黏合部位能吸收一定的衝擊力道，因此較為耐拉扯且有韌性，適於拿來黏合需要負荷力道的部位。能用來把相異材質黏合在一起也是其一大優點。儘管許多廠商都有推出 AB 膠，但這款 ALTECO 製 F-05 只要 5 分鐘就會硬化，使用起來格外方便呢。

▲ TAMIYA 製 AB 造形補土（高密度型）

想要將不同零件經由拼裝方式合為一體時，使用 AB 補土（環氧補土）來處理是相當方便的。由於這是黏土狀的材料，因此就算是內側留有空間，但缺乏可供黏合處的狀況，只要用 AB 補土塞進空隙裡，即可強行固定住。儘管只靠 AB 補土表面來黏合住確實較容易剝落，但高密度型的黏合力相對地較強，況且它的硬化時間較長，易於調整黏合位置，所以還是適合用來固定零件。

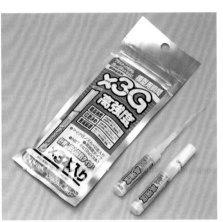

▲ WAVE 製瞬間膠 ×3G（高強度）

這是黏合強度較高的瞬間膠。由於能夠在短時間內將零件給牢靠地黏合住，因此就算是工作量比按照鋼彈模型原樣做好更多的拼裝製作方式，照樣能迅速地進行作業。另外，隨著加裝零件的數量變多，作品本身也會變得更重，導致關節變得鬆弛，這時也能利用瞬間膠來增粗關節軸或球形關節，藉此調整關節的鬆緊程度。

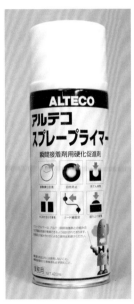

◀ ALTECO 製
瞬間膠用
硬化促進劑
噴罐式打底

這是能夠使瞬間膠快速硬化的噴罐。高強度型瞬間膠確實很方便，但儘管名為「瞬間膠」，實際上還是得等一段時間才會硬化，而且要是塗佈得太多，亦會發生遲遲未乾燥的情況。不過只要搭配這款噴罐併用，即可達到瞬間硬化，大幅提昇作業效率的成果。不僅是拼裝製作，亦能應用在其他需要瞬間膠的作業上。

▲ WAVE 製 C‧線

暫且不論細小零件，拼裝之際就算使用了膠水來黏合零件，有時一旦遇到該處需要負荷較大力道的狀況，零件還是免不了會脫落。為了避免發生這類狀況，必須要藉由打樁的方式來固定零件。在使用金屬線來打樁後，得以擁有出色的強度，光是這麼做就能有效減少零件脫落破損的情況發生。不過打樁時不能用模型膠水來輔助固定，一定要用 AB 膠或瞬間膠來輔助固定喔。

▲ 鋼彈模型全集型錄 Ver.HG GUNPLA 40th Anniversary
　鋼彈模型全集型錄 Ver.MG/PG/RG GUNPLA 40th Anniversary

對於拼裝製作來說，這兩本書能派上最多用場的書籍。現今鋼彈模型的品項已極為繁多，想要憑自身記憶力掌握有哪些套件存在是相當困難的。由於這兩本型錄收錄了截至 2020 年中旬為止發售的所有鋼彈模型，因此光是瀏覽一番就能輕鬆地規劃出「啊，拿這 2 款來拼裝製作一番應該會很帥喔」的製作計畫。其實這本拼裝製作篇的範例方案也是看了上面這 2 本書才規劃而成的呢。

▲ 鋼彈兵器大觀
　鋼彈模型 LOVE 篇

想學些什麼之際最為重要的，就屬找最棒的範本來學習仿效一番。筆者個人認為，在拼裝製作鋼彈模型這個領域中，以職業模型師セイラマスオ老師的設計感最為出色，相當值得效法。在這本「鋼彈模型LOVE 篇」中收錄了許多件セイラマスオ老師的拼裝製作範例，極為值得參考呢。

▲ 機動戰士鋼彈 鐵血孤兒
　鐵血的鋼彈模型教科書

在『機動戰士鋼彈 鐵血孤兒』中，主角機獵魔鋼彈會使用到搶奪自敵方的零件來強化己身，可說是融入了改裝這個概念的作品。此作品的鋼彈模型在套件上也有著就算卸除了所有外裝零件，本身也具備了完整的骨架這個特徵，因此除了手腳、推進背包、武器之外，就連外裝零件等細部也都能在未經改造的情況下直接替換組裝，可說是極為適合拿來拼裝製作的鋼彈模型系列。在這本『鐵血的鋼彈模型教科書』中，除了由筆者講解的『鐵血孤兒』系列鋼彈模型拼裝製作法外，亦收錄了許多件出自其他職業模型師之手的精湛拼裝製作範例，還請各位務必找機會參考看看喔。

經由回顧過往的HOBBY JAPAN
了解與拼裝製作相關的發展

（文／林 哲平）

所謂的拼裝製作是什麼？

在模型的世界中，所謂拼裝製作就是動用複數套件的零件，藉此做出一件作品的手法。舉例來說，比例模型界不時會有多家廠商推出同一個熱門的題材。那麼在製作戰車模型時，可能就會選用砲塔尺寸較大且具魄力的Z廠商製零件，搭配車身在縮尺考據上比較忠於實際車輛的D廠商製零件。做汽車模型的話，則會採取沿用T廠商製的精密引擎零件，將它移植到原本無引擎內構的F廠商製套件上這類做法，也就是能經由精選最合適的零件，進而做出符合自己喜好的作品，這正是此種製作手法的魅力所在。另外，亦能像既是畫家，也是藝術家，更是一位職業模型師橫山宏老師做『Ma.K』之際一樣，不拘種類動用各式各樣的套件來拼裝製作，如此便能做出世界上獨一無二，只屬於自己的原創機體。拼裝製作可說是不被單一套件的內容物所侷限，憑著自己的想像力隨興發揮，從世上無限多種的模型中去挑材料，然後做出獨一無二作品的技法。

鋼彈模型的拼裝製作歷史

■鋼彈模型黎明期的拼裝製作

在1980年時掀起了所謂的第一波鋼彈模型熱潮。不過就鋼彈模型來說，這時還沒有現今這麼明確的「拼裝製作」概念。就讓內部骨架外露的剖面模型之類題材而言，製作內部構造等部位時，主要是沿用比例模型的零件來做出機械狀構造，也就是「拿零件來搭配裝設一番，藉此做出本來沒有的構造」，這方面可說是日後拼裝製作手法的源頭所在。另外，由於當時針對鋼彈模型推出的專用材料還很少，因此也有些作品會發揮「拿新襯衫的透明固定領條來為吉翁系MS製作單眼護罩」之類，拿日用品作為取代材料的妙點子。後來隨著鋼彈模型陸續推出新套件，可供選擇的零件也增加了，像是「拿舊薩克與量產型薩克II來拼裝一番，做出腳踝可以活動的薩克II」這類現今的鋼彈模型拼裝製作手法也於焉誕生。

■原創MS與拼裝製作

儘管一聽到拼裝製作這個詞彙，腦海中馬上就會浮現「拿各式各樣的鋼彈模型來拼裝搭配，做出只屬於自己的原創MS」這個想法，不過率先將這個手法套用在鋼彈模型上的，正是在模型界無人不知無人不曉的超有名職業模型師MAX渡邊老師。1982年7月號中所刊載的MAX渡邊老師擔綱範例「1/144里布希葛改」，就是從BANDAI製『怪博士與機器娃娃』系列套件沿用了最為醒目的身體中央部位，然後搭配了傑爾古格、薩克II、鋼加農等多款套件的零件，在製作說明文中還連帶描述了這是在所羅門攻防戰中投入戰場的重裝型試作機等自創設定，亦即「試著做出原創MS的歷程」。這種「拼裝製作＋原創設定」的形式，亦一路延續至現今的原創MS作品。在1982年8月號中則是刊載了純粹使用鋼彈模型製作的第一件鋼彈模型拼裝範例，那正是小田雅弘先生為薩克雷洛裝設了畢格羅的手臂，進而做出的試作機風格機體「薩克雷洛改」。雖然之前早已有了施加原創塗裝，或是採用個人詮釋的作品，但憑藉想像力做出的鋼彈模型作品在此時可說是相當新穎出奇。其實開這類範例風氣之先的，要屬橫山宏老師自1982年5月號起採取拼裝製作手法做出的完全原創範例連載單元「SF3D原創」，該單元前所未見的嶄新畫風博得了熱烈支持。和鋼彈系列一樣，『Ma.K』這個題材在40年後的今日也同樣深受喜愛。鋼彈模型拼裝作品的源頭，或許確實深受『Ma.K』的影響呢。

■Z～逆夏時代的拼裝製作

在1985年首播的『機動戰士Z鋼彈』中，MS的造型往多樣化、複雜化發展。由於鋼彈模型本身在設計方面難以立即跟上這種迅速的變化，導致有許多套件看起來與動畫中的形象有

所差異，因此模型玩家們紛紛利用塑膠板和補土修改出心目中的理想樣貌，邁入了「自製手法」大行其道的時代。不過，所謂自製零件並非一定要從無到有製作出來，也可以從其他套件沿用零件，其中亦有許多和官方設定不同，採用了自創詮釋的作品登場。就技法層面來說，以小林誠老師和あげたゆきお老師的作品為例，有著採用了拿相異比例鋼彈模型的零件（將1/144德姆的頭部移植到1/100德姆上，藉此縮減該尺寸之類的）來拼裝，藉此讓體型能有所變化的手法，亦有效過去薩克II衍生機型的概念，拿基拉·德卡和馬傑拉攻擊戰車進行二合一拼裝來做出坦克型，以及經由配備沙薩比的武裝來製作出夏亞專用機之類範例，亦即隨著MS改朝換代而與時俱進製作出「翻新版MSV」的手法。

■SD熱潮時代的拼裝製作

自1987年起推出的SD版鋼彈模型「BB戰士」極為轟動熱門，對當時的小孩子來說，這是接觸鋼彈模型的入門系列。在作為SD鋼彈主要媒體的『BOMBOM漫畫月刊』上，刊載了許多動用到補土等材料改造的高難度範例，但也介紹了不少像是「大農丸」和「大福將軍」這類小孩易於模仿製作的範例。由於BB戰士在關節構造和體型方面是共通的，易於更換手腳部位，武者系列更是能夠交換頭盔和鎧甲，有著非常高的娛樂性，因此就算是小孩也能在無須加工的情況下，毫不困難地替換組裝出「我自創的SD鋼彈」。

■平成時代鋼彈與拼裝製作

有別與以往的宇宙世紀，1994年～1996年陸續首播的『機動武鬥傳G鋼彈』、『新機動戰記鋼彈W』、『機動新世紀鋼彈X』，均是以相異世界觀為舞台的全新鋼彈系列作品。這些作品的首要特徵，在於鋼彈過去是以詮釋成「寫實兵器」為前提，此時則是開始著重在描述角色個性上。過去一提到原創拼裝製作，多半是沿襲宇宙世紀的世界觀，不過以這個時代為界，相較於寫實感，著重在凸顯角色個性的作品確實比以往多了不少。由於當時SD鋼彈仍相當熱門，兩者都有在製作的玩家其實很常見，因此

亦可見到將BB戰士風格拼裝要素套用到一般鋼彈模型上的製作手法。

■ MG、HGUC 的誕生與拼裝製作

為了紀念鋼彈模型15週年，1995年時推出了MG（極致等級）系列。儘管MG具備了與以往鋼彈模型截然不同層次的品質，但受限於初期的商品陣容並不多，因此例如為MG版鋼彈裝上『MSV』版全裝甲型鋼彈的裝甲零件；為MG版薩克II移植薩克加農的零件，做成那麼一回事的機體之類，經由拼裝早期套件將尚未發售機體做成「準MG風格」的製作手法蔚為風潮。隨著在造型上將鋼彈模型引領至理想境界的MG問世，拼裝製作手法也進展到了把早期鋼彈模型升級成與MG同等水準為目標的嶄新層次。在1999年問世的HGUC也一樣，隨著翻新推出更易於組裝的1/144鋼彈模型，運用新舊套件來拼裝製作的升級空間也變得更為寬廣多元。

■ SEED 時代的拼裝製作

在2002年首播的『機動戰士鋼彈SEED』，以及續作『機動戰士鋼彈SEED DESTINY』裡登場的MS中，有許多機體都像自由鋼彈一樣配備了尺寸龐大的推進背包，光是更換這類裝備，就足以輕鬆地讓整體輪廓產生很大的變化。至於最大的革新之處，就屬引進了巨劍型攻擊鋼彈的「槍刀」，也就是在以往鋼彈模型中很罕見的巨型實體劍。過去光束軍刀的刀刃部位為光束，在整體形狀上也就不會有太大的變化，不過由於實體劍能作為「連同劍身在內賦予輪廓變化的零件」使用，因此對原本藉由光束步槍、火箭砲、加農砲等狙擊武器在視覺上凸顯出具備強大力量為主流的鋼彈來說，配備實體劍即可輕鬆地附加格鬥斬擊能力經過強化的形象。託了在『SEED』系列中原本就有著諸多深具個性的鋼彈登場之福，對於「我所構思的最強鋼彈」這類模型作品而言，可說是形成了更易於孕育出新靈感的肥沃土壤，這類影響亦是不容忽視的。

■ セイラマスオ老師登場與拼裝製作

在『SEED DESTINY』結束到『機動戰士鋼彈00』首播的這段空檔期間內，セイラマスオ老師終於以職業模型師的身分在『HOBBY JAPAN月刊』上出道。他擅長保留成形色的簡易製作法、筆塗上色、獨特的細部結構修飾風格，以及絕妙的體型修改等多種製作手法，不過最為人稱讚的，還是運用複數鋼彈模型拼裝製作出的原創範例。以往確實也有運用大量剩餘零件來做出原創鋼彈模型的職業模型師，不過セイラマスオ老師的範例最為獨特之處，就屬他並未使用補土和塑膠板進行大幅度加工，而是憑藉卓越的品味將零件發揮至最大極限，藉此建構出既具有獨創性，又令所有人覺得帥氣無比的作品。隨著以業界發行數量最高為傲的『HOBBY JAPAN月刊』每月刊載セイラマスオ老師的原創範例，他的拼裝技法也更具知名度，亦成為了在生活中經常可以看到的作品。セイラマスオ老師可說是對於鋼彈模型的拼裝製作發展造成了莫大影響呢。

■ 『鋼彈創鬥者』系列與拼裝製作

『鋼彈創鬥者』於2013年首播。自『鋼彈創鬥者』起的『鋼彈創鬥者』系列作品並非是以MS進行戰鬥，而是描述用鋼彈模型進行對戰的故事，在動畫中登場的各式鋼彈模型，全都是經過劇中玩家施加原創改裝的鋼彈模型。改裝部位也另有推出名為「製作改裝系列」的零售版改裝套件，可說是邁入了官方推薦拿鋼彈模型拼裝出原創模型的時代。由於在『鋼彈創鬥者』系列中有來自不同作品的各式鋼彈模型齊聚一堂，因此能夠包容多樣的拼裝搭配方式，能夠高度自由發揮不僅令世界觀變得更寬廣，模型玩家可以揮灑創意的空間也變得無遠弗屆。儘管時至今日，拼裝製作原創鋼彈模型已不再罕見，成了稀鬆平常的事情，不過要是沒有『鋼彈創鬥者』系列問世，肯定無法發展到這一步呢。

拼裝製作的優點

■ 不擅長做模型也不要緊！

拼裝製作最大的優點，就屬即使不擅長做模型，也任誰都能輕鬆地改造鋼彈模型。想要動用塑膠板和補土來改造鋼彈模型的話，需要具備一定的製作技術，但如果只是更換鋼彈模型的手腳，或是裝上取自其他鋼彈模型的零件，那麼就算是模型初學者也辦得到。視狀況而定，甚至不需要使用到膠水，因此十分適合作為改造的入門方式呢。

■ 易於凸顯個性，引人注目！

做鋼彈模型一段時間後，就會想要試著經由改造來凸顯自我個性！這應該是每個人都曾有過的念頭。若是採用拼裝製作方式的話，即可輕鬆地做出具有個性的作品。舉例來說，就算用塑膠板和補土對體型大幅改造了一番，也有可能任誰都沒有注意到……這種情況其實還滿多的呢。不過若是用拼裝製作方式做出原創鋼彈模型的話，因為是獨一無二的作品，所以很快就會有人好奇「這件鋼彈模型是怎麼做出來的？」而變得引人注目，亦易於凸顯出作品的個性呢。

■ 靈活運用過去的資產！

有些鋼彈模型可能是很久以前就買來組裝完成，然後就擱在盒子裡沒再碰過了。當房間裡的空間實在不夠時，有些鋼彈模型就設法處理掉才行。有些鋼彈模型則是因為缺了零件，只好暫且放著不管。所謂的拼裝製作，就是能夠拿這些派不上用場的鋼彈模型來搭配一番，讓它們重生為新的作品。筆者第一次用拼裝方式做模型，就是讀小學時拿缺了零件的BB戰士來製作出原創武者。將剩餘零件保留下來的話，即可用在下一件作品上，假如累積了大量的剩餘零件，那麼更是能拿來一舉拼裝出大規模的作品呢。拼裝製作能夠讓過去所購買的鋼彈模型重新成為資產，毫不浪費地有效地運用，可說是相當環保的技法呢。

有如加速度般不斷拓展鋼彈模型拼裝的可能性！

鋼彈模型至今仍以每個月有新商品問世的速度推出，種類也在不斷地增加當中。隨著套件種類變多，拼裝製作的方式也就更加多元化，使得鋼彈模型拼裝的可能性大到甚至能與宇宙擴張速度相提並論呢（笑）。還請各位務必親自體驗具有無限可能性的拼裝製作世界♪

拼裝製作說得極端點，就是拿鋼彈模型來替換組裝一番的玩法。話雖如此，對於剛接觸這個領域的人來說，免不了會浮現出「要怎麼搭配才好？」、「該怎麼做才好？」、「怎樣能能做得帥氣威風？」之類的問題，一時之間掌握不住拼裝製作重點何在的人，肯定不在少數。因此本書的第一件課題就是「無改造拼裝製作」。在此要拿 HG 版骷髏鋼彈 X1（以下簡稱為骷髏）和 HG 版鋼彈 F91（以下簡稱為 F91）來拼裝搭配一番，採取不加工、不改造，僅施加最低限度塗裝的方式來完成，以便讓各位能從中學到拼裝製作的基礎為何。

BANDAI SPIRITS 1/144 scale plastic kit
"High Grade UNIVERSAL CENTURY"
CROSSBONE GUNDAM X1＋GUNDAM F91 use

無改造拼裝製作
HG 版骷髏鋼彈 X1 × HG 版鋼彈 F91

EX 拼裝製作的基礎技巧

對組裝槽進行加工

▲採取拼裝製作的方式，即可經由拿各式各樣的零件搭配一番，進而做出原創的鋼彈模型。只是在拼裝過程中可能需要反覆拆裝零件，若是讓零件的組裝槽維持原樣，那麼要拆開零件之際會很費事。因此在組裝零件之前，最好先如上圖所示，將斜口剪將卡榫末端斜向剪掉一角，這樣一來嵌組的緊密度就會變差，易於後續進行拆解。附帶一提，千萬別誤把可動軸給剪短囉，還請特別留意這點。

▲若是在修剪過卡榫的狀態下組裝零件，那麼嵌組的緊密度會變差，導致零件容易鬆脫開來。因此在正式進行組裝時，一定要用白色瓶蓋的 TAMIYA 模型膠水來黏合零件。將模型膠水塗佈在組裝槽裡，膠水比較不容易溢至零件外面，能夠讓零件表面保持整潔美觀。

◀各位在修剪過卡榫再進行拼裝時，是否遇過零件很容易脫落，導致作業步調被打亂，令人心浮氣躁的狀況呢？此時不妨先用遮蓋膠帶纏繞住零件加以暫時固定。由於遮蓋膠帶在剝除之後也不會留下殘膠，因此大可放心使用。

拆解零件

▲進行拼裝製作時，免不了得把組裝起來的零件反覆拆解好幾次，不過偶爾也會遇到即使修剪過卡榫了，還是很難拆開的零件。因此接下來介紹拆解鋼彈模型的基本方法之一，也就是用筆刀來拆解零件。

▲首先是用筆刀的刀刃插入零件接合線之間。由於刀刃本身相當薄，因此即使是組裝密合的零件也插得進去。這時並非只針對一處插入就好，而是要多分幾處插入零件之間，這樣零件就會稍微被撬開來。

▲將筆刀插入零件之間後，用刀刃緩緩地斜向扭動，藉此將零件扳開來。這時同樣不能只針對一處扳開，必須稍微往右扳開後，就改為稍微往左邊扳開，也就是稍微扳開其中一側後，就改為處理另一側，這樣應該就能流暢地將零件拆開開來了。

▲拆開零件後的狀態。比起按照一般方式作鋼彈模型，拼裝方式在製作過程中的「嘗試錯誤」會對作品成果造成極大影響。一旦覺得有不對勁的地方，就要立刻將零件拆解開來重新搭配，經由如此反覆嘗試後，肯定能熟練地掌握住拆解訣竅，讓後續的作業變得流暢許多。

01 拿方程式計畫的機體來拼裝製作

▲骷髏與F91都是宇宙世紀110年後所研發出的15m級小型MS。這兩者的套件都做得相當精湛，軟膠零件也是共通的，因此易於交換零件。而最為重要的，就是零件總數也都不多，拿來當成拼裝製作的入門題材可說是剛剛好呢。

◀F91是基於富野由悠季監督所提出「新時代的鋼彈」這個概念設計而成，因此完全沒有過往的圓形噴射口，是一架即使時至今日也仍顯得十分新穎的鋼彈。套件本身做得相當不錯，只是F91本身的造型設計在完成度方面就高過頭了，導致想要拿它來拼裝製作的話，顯然得稍微花點功夫才行……

▶骷髏是F91的後繼機種，正式的模型編號為F97，同為方程式計畫下的MS。儘管被額頭上的骷髏浮雕和推進器等醒目特色所掩蓋住，不過它確實有著繼承自F91的和緩線條設計，具備了U.C.100年代鋼彈的標準外形，因此拿來與F91拼裝製作的契合性極為出色。

▲儘管是同系列的機體，F91擅長射擊戰，骷髏則是以格鬥戰見長。那麼機體方向性相異的這2架機體該如何拼裝搭配呢？總之，先從嘗試把光是有著骷髏浮雕就展露出過人角色個性的骷髏頭部和F91交換著手。由於軟膠零件是共通的，因此完全不必改造就能換裝。

▶先確認一下整體的外形吧。沒有了頭部的骷髏浮雕後，外形看起來就像是作為標準的F91一樣，一舉變成了普通的鋼彈。就算說這是S.N.R.I.（海軍戰略研究所）完成骷髏前夕的試作機體樣貌，看起來也確實具有十足的說服力，在外形上不僅帥氣，亦建立起了關連性呢。

▲接下來要試著更換肩部。F91有著大幅往側面延伸出去的肩甲，這部分是深具魄力的零件。優先選用具有醒目特色的零件，這對拼裝製作初學者來說是最值得推薦的改裝手法。F91與骷髏有著共通的軟膠零件，原本以為無須改造就能輕鬆替換組裝的，可是……

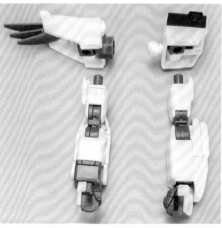

▲F91身體這邊的連接構造竟然是球形軸棒！畢竟F91的身體很苗條，肩甲的尺寸又很大，因此才會改為採用將軟膠零件設置在肩甲裡的架構。就算是使用相同軟膠零件，還有著類似設計的套件，有時也會存在著這樣子的差異，看來是無法直接替換組裝了。考量到這次是初學者取向的範例，既然要不經改造就完成拼裝製作，那麼肩甲還是維持個別機體的原樣比較好。

◀肩甲確實無從交換，但肩部以下的手臂又如何呢？就肩甲內側來組裝上臂的構造來看，這部分連同軟膠零件在內其實是一樣的。也就是說要替換組裝的話，可以輕鬆地交換肩部以下的整條手臂呢。只要學像這樣以某個部分為單位去嘗試交換，即可享受到多樣化的替換組裝之樂。

◀這是將頭部和手腳都換成F91同部位零件後的狀態。看起來是否更像是試作機了呢？然而有別於這份期待，手腳似乎微妙地顯得過於細瘦，給人有點貧弱的印象。這是因為骷髏的身體太壯碩所致。粗壯身體搭配上細瘦的手腳，這樣不管怎麼看都會覺得怪怪的。

▶那麼反過來搭配又會如何呢？為先前搭配時剩下的F91修長身體，拼裝上骷髏的粗壯手腳後，結果一舉營造出了壯碩有力的形象。畢竟小巧身軀與粗壯手腳的搭配，確實會給人有如健美選手那種強壯體魄的印象呢。

▲試將頭部換上先前改裝時剩下的骷髏零件後，發現看起來比想像中來得更帥氣！由於尺寸比F91的稍微小了一點，因此與F91苗條的身軀極為相配。話雖如此，考量到額頭和胸部的顏色還是有所不同，若是要採用這種拼裝方式的話，後續肯定會需要自行塗裝一下才行。

▲▲總之再次把F91的頭部換回來試試看。F91的身體搭配上內藏有格鬥武器的骷髏手腳,當成了研發骷髏所製造的內藏格鬥武器實驗機,似乎也挺有模有樣的。在藉由拼裝手法做出原創機體時,儘管只是把最為醒目的胸部、頭部、肩部換成其他機體的零件,在視覺上確實較具震撼力,不過像這樣採用看起來較具一體感的方式來更換零件,對於整合出「頗有那麼一回事」的造型來說,亦是很有效的手法。

▲試著擺設動作,想像完成時的模樣。既然是自創的改裝鋼彈模型,肯定不會在動畫中出現。試著在心目中想像「它會怎麼行動?使用什麼武器?如何作戰?如何取勝?在何種情況下會敗北?」之後,它在腦海中就能宛如播放影片般地動起來,可藉此塑造出更為鮮明有力的作品。以這個例子來說,儘管在輪廓上沒有太大的變化,不當以射擊戰為主體的F91轉變為格鬥系機體時,透過擺設動作就能說明它會是什麼樣的機體。

▲雖然如同前述評估了作為F91衍生機型可能性,不過骷髏的頭部明顯地帥氣許多,因此最後還是採用了這種搭配方式。儘管塑造出「頗有那麼一回事」的說服力很重要,但威風帥氣感終究還是最重要的。在初學者階段還是以「我覺得這樣做比較帥」為優先考量,製作起來會更為輕鬆愉快。

▲選擇裝設骷髏的頭部時,最大的問題就在於肩甲上刻有「F91」這組型號,要是保留不變的話,看起來很不對勁。不過只要把肩甲左右交換組裝,讓F91這組型號不會朝向正面就行了。由於絕大部分的人都只會從正面看鋼彈模型,況且背面也有V.S.B.R.這組武器會遮擋住,因此完全不成問題。

▶繼主體之後,接著是思考武器的搭配方式。首先是試著讓它持拿斬刀破壞槍。由於頭部、手腳都是出自骷髏的,因此看起來不會顯得不對勁,但拿著這挺武裝的話,擺起動作時會過於酷似骷髏……

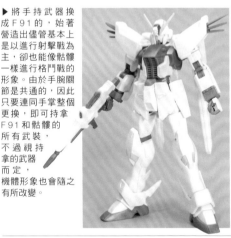

▶將手持武器換成F91的,始著營造出儘管基本上是以進行射擊戰為主,卻也能像骷髏一樣進行格鬥戰的形象。由於手腕關節是共通的,因此只要連同手掌整個更換,即可持拿F91和骷髏的所有武裝,不過視持拿的武器而定,機體形象也會隨之有所改變。

02 整合配色

▲在採用骷髏的頭部搭配F91的身體這種狀況下,頭部和額部的顏色會顯得不一致。不在乎的話維持原狀也行,但其實總共就只有4片零件,因此使用噴罐來塗裝成一致的顏色吧。

▲每片零件都先用Mr.細緻黑色底漆補土1500來塗裝。這種底漆補土的遮蓋力很強,不管是什麼顏色的零件,只要稍微噴塗一下就能整合成黑色的了。在使用噴罐之前,可千萬別忘了要先充分搖晃罐身,確保內部的塗料能攪拌均勻喔。

03 藉分色塗裝輕鬆地改裝

▲零件塗裝完畢後組裝起來的模樣。相較於塗裝前,隨著顏色統一,原有的不協調感也不復存在。不少鋼彈系MS只有身體是藍色的,因此只要將胸部塗裝成黑色,即可省事地將配色改變為如同ν鋼彈的沉穩風格。還請各位務必找機會親自嘗試看看喔。

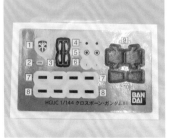

▲將胸部塗裝成黑色後,整體形象變得貼近骷髏許多,於是乾脆為胸部貼上配色貼紙中的骷髏尖兵標誌,藉此凸顯屬於骷髏尖兵的要素。所謂的拼裝不僅是拿零件來組裝,若是能拿套件中附屬的貼紙和標誌來巧妙地搭配一番,那麼亦可製作得更為帥氣喔。

▲等基本塗裝結束後,接著就藉由入墨線來凸顯全身各處的細部結構吧。由於這次是入門篇,因此用較輕鬆的方式來處理,也就是用擬真質感麥克筆來入墨線。首先是拿擬真質感麥克筆灰色2沿著刻線類細部結構劃過去。

▲稍微塗出界處就用指頭抹掉，塗出界範圍較大的地方則是用面紙擦拭掉。這樣一來就能把絕大多數塗出界的塗料給擦拭掉了。可能多少會有一點塗料殘留在零件表面，或是稍微弄髒之處，不過反正最後都能修正美觀乾淨，因此儘管進行作業吧。

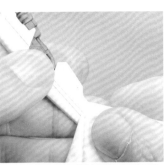

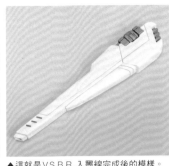

▲這就是V.S.B.R.入墨線完成後的模樣。原本中間應該塗裝成和身體相同顏色的線條，不過這次做的是原創改裝機體，沒必要勉強配合原有的設定，因此若是覺得處理起來很麻煩的話，就算不分色塗裝也不成問題。

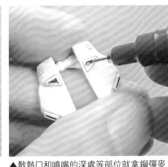

▲散熱口和噴嘴的深處等部位就拿鋼彈麥克筆入墨線用黑色來入墨線吧。這樣看起來會俐落分明許多，比起只用擬真質感麥克筆來處理，這樣做會顯得更具立體感。

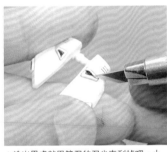

▲塗出界處就用筆刀的刀尖來刮掉吧。小面積的話，與其用溶劑來擦拭掉，不如這樣做會更易於修正得美觀清爽。這也是唯有保留了成形色的簡易製作法，才能使用的技巧喔。

▲為前裙甲處散熱口分色塗裝完成的狀態。該處原有配色應該是黃邊搭配黑色，但想要塗裝成那種配色，就算是職業模型師也得花些功夫才行。因此初學者不妨省略這類費事的分色塗裝部位，把時間拿來多做一件作品也會更為輕鬆愉快。

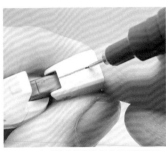

▲大腿中央溝槽之類部位比其他刻線粗了一號，這種地方也可以拿鋼彈麥克筆入墨線用來處理。此時只要沿著溝槽劃過去就行了。視情況採取不同方式入墨線後，成果看起來會更具立體感。

▲F91的肩甲尺寸很大，看起來深具魄力，但相對地，內側要是維持原樣會顯得很醒目。在此選用水性HOBBY COLOR的消光黑以筆塗方式將內側整個塗黑。這時就算稍微塗出界了也沒關係。

▲塗出界的水性HOBBY COLOR用魔術靈就能擦拭掉了。先拿棉花棒沾取一些，再用來摩擦塗出界的部分，這樣即可輕鬆地擦拭掉。對於CITADEL和vallejo這類乳化液系塗料，以及水性HOBBY COLOR和TAMIYA水性漆等壓克力系塗料來說，魔術靈可以在不損及塑膠和硝基系底漆的情況下擦拭掉。由於真的相當方便，因此使用壓克力系塗料的話，請務必要一併備妥魔術靈喔。

▲擦拭掉壓克力塗料後，也進一步把殘留在表面上的擬真質感麥克筆塗料給擦拭掉。由於是水性塗料，因此魔術靈也能用來擦掉擬真質感麥克筆的塗料。擦拭剩餘塗料是如上圖所示的最後處理階段，所以能夠有效率地進行入墨線作業喔。

▲入墨線完畢後，就為整體噴塗特製消光TOPCOAT，藉此將光澤度整合成消光狀。以不打算舊化，只希望做得整潔美觀的狀況來說，即使稍微費事些，也要先將模型拆解成以區塊為單位，這樣才能噴塗得更美觀。

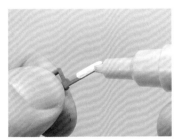

▲消光透明漆噴塗完畢後，用鋼彈麥克筆的亮銀色為電熱短刀塗裝刀刃部位。由於要是先塗裝金屬色，再噴塗消光透明漆的話，難得營造出的金屬光澤就會毀於一旦，因此才會等到噴塗消光透明漆後才塗裝銀色。

▲電熱短刀是從小腿肚抽出來的，刀柄部位原本應為白色，但想要把灰色零件塗裝成有著良好發色效果的白色會很費事，因此這次改為將小腿肚的相對應處塗裝成灰色。畢竟若是將白色部位塗裝成灰色就簡單多了。

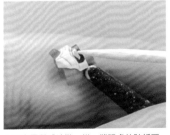

▲和金屬質感塗裝一樣，雙眼處的貼紙要等到噴塗消光透明漆後再黏貼。以骷髏這類小型鋼彈來說，想要將貼紙在眼部這類小面積部位上正確地黏貼就位會有點難度，更要用牙籤將貼紙沿著細部結構壓緊貼密，因此必須謹慎地進行作業。若是能事先準備非手持式的放大鏡，那麼處理起來會輕鬆許多喔。

▲完成的身體一帶區塊。塗裝成黑色的胸部、保留白色的成形色部分，以及尖兵標誌均經由噴塗消光透明漆整合成消光質感，雙眼部位也黏貼了具有金屬質感的箔面貼紙，使美觀的金屬綠形成了鮮明對比。至於胸口處火神砲則是用4 ARTIST MARKER這款麥克筆的銀色來塗裝成電鍍色調。

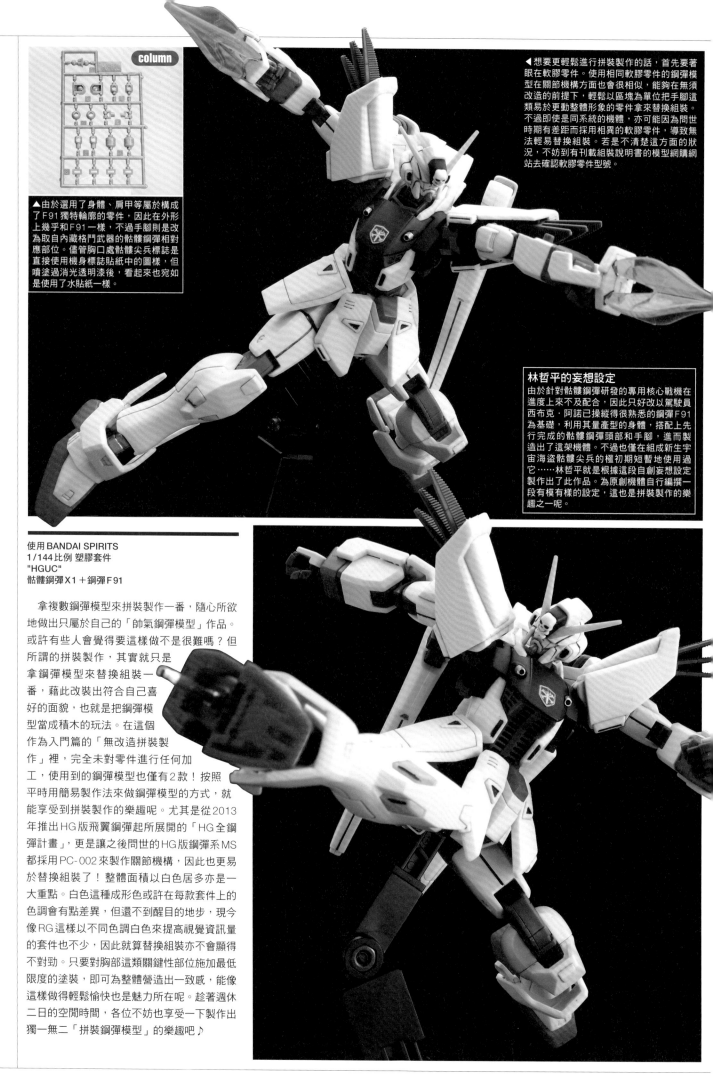

▲由於選用了身體、肩甲等屬於構成了F91獨特輪廓的零件,因此在外形上幾乎和F91一樣,不過手腳則是改為取自內藏格鬥武器的骷髏鋼彈相對應部位。儘管胸口處骷髏尖兵標誌是直接使用機身標誌貼紙中的圖樣,但噴塗過消光透明漆後,看起來也宛如是使用了水貼紙一樣。

◀想要更輕鬆進行拼裝製作的話,首先要著眼在軟膠零件。使用相同軟膠零件的鋼彈模型在關節機構方面也會很相似,能夠在無須改造的前提下,輕鬆以區塊為單位把手腳這類易於更動整體形象的零件拿來替換組裝。不過即使是同系統的機體,亦可能因為問世時期有差距而採用相異的軟膠零件,導致無法輕易替換組裝。若是不清楚這方面的狀況,不妨到有刊載組裝說明書的模型網購網站去確認軟膠零件型號。

林哲平的妄想設定

由於針對骷髏鋼彈研發的專用核心戰機在進度上來不及配合,因此只好改以駕駛員西布克·阿諾已操縱得很熟悉的鋼彈F91為基礎,利用其量產型的身體,搭配上先行完成的骷髏鋼彈頭部和手腳,進而製造出了這架機體。不過也僅在組成新生宇宙海盜骷髏尖兵的極初期短暫地使用過它……林哲平就是根據這段自創妄想設定製作出了此作品。為原創機體自行編撰一段有模有樣的設定,這也是拼裝製作的樂趣之一呢。

使用 BANDAI SPIRITS
1/144比例 塑膠套件
"HGUC"
骷髏鋼彈X1＋鋼彈F91

　　拿複數鋼彈模型來拼裝製作一番,隨心所欲地做出只屬於自己的「帥氣鋼彈模型」作品。或許有些人會覺得要這樣做不是很難嗎?但所謂的拼裝製作,其實就只是拿鋼彈模型來替換組裝一番,藉此改裝出符合自己喜好的面貌,也就是把鋼彈模型當成積木的玩法。在這個作為入門篇的「無改造拼裝製作」裡,完全未對零件進行任何加工,使用到的鋼彈模型也僅有2款!按照平時用簡易製作法來做鋼彈模型的方式,就能享受到拼裝製作的樂趣呢。尤其是從2013年推出HG版飛翼鋼彈起所展開的「HG全鋼彈計畫」,更是讓之後問世的HG版鋼彈系MS都採用PC-002來製作關節機構,因此也更易於替換組裝了!整體面積以白色居多亦是一大重點。白色這種成形色或許在每款套件上的色調會有點差異,但還不到醒目的地步,現今像RG這樣以不同色調白色來提高視覺資訊量的套件也不少,因此就算替換組裝亦不會顯得不對勁。只要對胸部這類關鍵性部位施加最低限度的塗裝,即可為整體營造出一致感,能像這樣做得輕鬆愉快也是魅力所在呢。趁著週休二日的空閒時間,各位不妨也享受一下製作出獨一無二「拼裝鋼彈模型」的樂趣吧♪

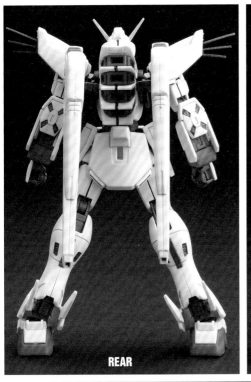

REAR

SIDE

FRONT

『MSV』拼裝製作

HG版高機動型薩克II奧爾提加專用機 × HG版迅捷薩克（基西莉亞部隊機）

BANDAI SPIRITS 1/144 scale plastic kit "High Grade GUNDAM THE ORIGIN"
ZAKU II HIGH MOBILITY (ORTEGA) + ACT ZAKU (KICILIA'S FORCES) use

鋼彈模型的魅力之一，在於有著深入的世界觀。並非只是講究造型帥氣的機器人模型，而是以「根據鋼彈世界的兵器來製作出立體商品」為前提，有如將現實兵器立體重現的比例模型，此等要素亦令人著迷不已呢。在進行拼裝製作之際，若是能賦予「這架MS就算當真存在於鋼彈世界中也毫不奇怪吧？」之類的設定，肯定能成為提高說服力的一大武器。在此要拿具備高度互換性的HG版『GUNDAM THE ORIGIN』系列吉翁陣營MS來替換組裝一番，試著從中學習具備高度說服力的『MSV』拼裝製作奧妙何在！

01 催生了『MSV』的偉大MS「06R」

▲『MSV』代表性的機體就屬MS-06R高機動型薩克II。作為薩克的衍生機型，它促成了『鋼彈』往動畫以外的世界發展，亦點出MS所蘊含的可能性，在鋼彈系列中可說是名留青史的偉大機體。這次在歷來的06R套件中，選用目前最新的HG版『GUNDAM THE ORIGIN』來進行製作。

◀HG版『GUNDAM THE ORIGIN』系列的特徵，在於儘管是1/144，卻採用了骨架機構，而且吉翁公國軍系、地球聯邦軍系都各有許多共通的零件，易於以手腳和推進背包之類的部位為單位進行替換組裝。有著非常適合拿來拼裝製作的構造。

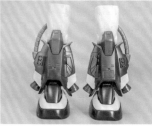

▲06R之所以為06R的首要重點，正在於大型推進背包和增設了噴射口的腿部。有著一眼即可看出「它比一般薩克更強！」這種視覺上的特徵，總之具備了相當出色的設計。對於喜歡鋼彈模型的人來說，只要有了這種推進背包和腿部，即可立刻理解「啊，這是高機動型的機體呢」（笑）。

02 藉分色塗裝輕鬆地改裝

▲如同前述，在此要利用具備共通機構的設計，以HG版『GUNDAM THE ORIGIN』的吉翁系MS為主體，裝上06R的推進背包和腿部，試著做出「全新的高機動型MS」！接下來就要拿薩克Ｉ、古夫原型機、德姆試作實驗機、迅捷薩克作為基礎，試著拼裝搭配一番。

◀這是MS-05薩克Ｉ（基西莉亞部隊機），俗稱舊薩克。由於是比薩克II更早期的機種，因此或許有人會揶揄「哪可能把既高價又少見的組件用在這種機體上啦！」，不過以套件來說，骨架部分有許多與06R共通的零件，可說是很便於拼裝搭配的套件。那麼就立刻拿組件來替換組裝一番吧。

▶裝上高機動型組件後的狀態。舊薩克與薩克II的差異，主要在有無動力管，本身機體相似，當然也就毫無不協調感，有著深具整體感的面貌。在現實世界的戰爭中，研發時會以舊機種為基礎製作實驗機，以便測試相關數據。在『GUNDAM THE ORIGIN』的世界中，由於06R在魯姆戰役便參戰了，因此即使說「或許有先將高機動型組件裝設在舊薩克進行實驗過」，就設定的觀點來看也不令人意外呢。

▶這是YMS-07A-0古夫原型機戰術實證機。照理來說最好是選用一般的古夫來拼裝，但目前『GUNDAM THE ORIGIN』系列尚未推出該套件，因此才會選用這款古夫。相較於薩克，它有著配備了重裝甲而顯得結實壯碩的體型，一如「改良強化新型」的稱號，古夫在視覺上呈現了有別於06R的「薩克發展走向」。既然同為自薩克所發展出的機體，相當值得拿來拼裝搭配一番呢。

◀總知識著裝上推進背包吧，結果……居然裝不上去！下方照片左邊的推進背包出自古夫原型機，右邊則是06R的，仔細一看會發現卡榫的間隔距離不同。畢竟要配合自身體的寬度，因此古夫的將間隔設置得較寬。

▶原本以為就算不加工也行，但實際上零件無法組裝。這是拼裝製作時常見的狀況。在此並非乾脆把卡榫削掉直接黏合上去，而是改用雙面膠帶暫且固定住。直接對零件加工的話，想要重新來過時就難了，因此在整體造型定案前，最好採取較保守的拼裝方式。

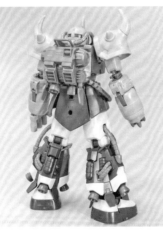

◀裝設高機動組件後的狀態。受惠於同為薩克系MS，組裝起來也幾乎毫無不協調感，搭配得很有整體感。唯一值得顧慮的，就屬「為古夫這個地面用機種裝設宇宙用高機動組件有意義嗎？」一事了。不過以在『鋼彈創鬥者』中登場的「古夫R35」來說，它就有著酷似06-R2的腿部，或許就像德姆直接發展成里克·德姆一樣，設想成「由於裝甲變重了，導致推力不足，因此藉由裝設高機動組件來進行實驗……」應該也很有意思。確實就算有高機動型古夫也不奇怪呢。

▶這是YMS-08B德姆試作實驗機。原本應該要拿一般的德姆來拼裝才對，但基於和古夫一樣理由，最後選用了這款套件。德姆本來是與薩克截然不同的新型機種，但以這款試作實驗機來說，其實有著不少與薩克共通的部分，因此有可能意外地適合裝設高機動組件喔！

◀話是那麼說沒錯……但裙甲與腿部間的空隙過大，感覺空蕩蕩的，給人一種腿部太細與很貧弱的印象。畢竟06R原本就是「為一般薩克裝上粗壯的雙腿」，使整體能顯得更為帥氣。因此對於雙腿原本就很粗壯的德姆來說，替換組裝只會有反效果呢。

▶既然問題在於裙甲造成的空隙！那麼就利用『GUNDAM THE ORIGIN』系列本身的高度互換性，試著將該處也換成高機動型的零件吧。結果看起來並不是那麼帥氣呢。既然如此，把肩甲也換成薩克的，讓它更有整體感一點好了。這樣做之後，看起來就成了「裝著德姆型頭部的高機動型薩克II」，雖然也可以想成是為了確認太空中視野範圍所製造的測試機，但這樣就不是德姆而是薩克了。乾脆只更換推進背包，做成「里克·德姆的高機動型試驗機」，這樣還比較像是以德姆為基礎的機體。總之在拼裝製作時與其勉強使用某些零件，不如著重於外觀的帥氣感比較好。

◀這是 YMS-11 迅捷薩克（基西莉亞部隊機），出自未成案的『MSV』後續企劃『MS-X』。這是連力場馬達和磁力覆膜等聯邦系 MS 技術都有搭載的高性能機種。由於是薩克系的正統發展機種，因此搭配起來應該會十分契合才是。

▶這是裝上高機動組件後的狀態。推進背包和腿部都和舊薩克一樣，無須加工就能組裝上去，再加上它外形本就比薩克更為有稜有角，與高機動組件在線條設計上十分相配。不過迅捷薩克這個高性能機種在設定中原本就是「具有和高機動型薩克Ⅱ同等的推力」，因此會令人質疑這等高性能機種當真有必要裝設高機動型推進背包嗎？不過就問世的時間點來說，即便在研發的過程中有機體裝設高機動型組件進行試驗，似乎也沒什麼好奇怪的。在拿來當試的 4 種機體中，這顯然是最帥氣的，因此決定往高機動型迅捷薩克的方向去製作。

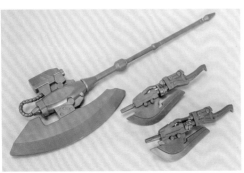

▲作為迅捷薩克的標準裝備，套件中附有 2 柄電熱斧。若是看過馬列特專用迅捷薩克在『機動戰士鋼彈外傳 宇宙閃光的盡頭』中的活躍表現等場面，就會曉得它也是擅長格鬥戰的 MS。這則是進一步追加了奧爾提加專用機所附屬的巨型電熱斧，藉此強化作為格鬥戰機體的形象。

▶這是持拿巨型電熱斧的狀態。隨著持拿這柄武器，整體輪廓也跟著產生了大幅變化，而且帶著 3 柄電熱斧一事，更是讓屬於「格鬥戰型」的形式顯得一目了然。在進行拼裝製作時，光是在無須加工就能更換的武器上下點功夫，即可在視覺上表現出機體應有的形象。

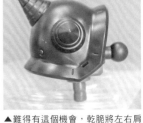

▲難得有這個機會，乾脆將左右肩甲都換成帶刺肩甲，讓整體看起來更具格鬥戰型的風格吧。在此選用了高機動型薩克Ⅱ的帶刺肩甲。由於迅捷薩克（基西莉亞部隊機）在肩部區塊的設置上跟一般薩克完全相同，因此儘管顏色不同，但零件本身在形狀上是一樣的。

▶為雙肩都換上帶刺肩甲的狀態。像古夫和伊弗利特之類以格鬥戰見長的 MS，多半雙肩均為帶刺肩甲，因此光是這麼做就能強化身為格鬥戰型機體的形象。在作業上也只是更換零件而已，花不了多大的功夫。

▶由於迅捷薩克和 06R 的動力管設置方式不同，因此按照原樣組裝的話，會有一截動力管暴露在外。照片中就是將雙方動力管並排在一起比較的模樣。由照片中可知，兩者的長度截然不同。

▶不過這點立刻就能解決！在此選用了 06R 的動力管零件。只要從照片中所示處用斜口剪修剪掉多餘的部分即可。光是這麼做就行了。

▲再來就只要插入腰部用來組裝動力管的地方即可。光是這樣做就能顯得毫無不協調感，簡直原本就是設計成這個模樣的。凡是屬於相同設計系統的套件，即可像這樣稍加改造後就組裝起來，因此相當推薦初學者從這類套件著手嘗試。

column

MSV 的祕訣在於「型型思考」！

在構思『MSV』風格的機體時，最快聯想到的就屬量產型、陸戰型、試作型、高機動型、飛行試驗型……之類的機型。儘管是其他 MS 已經存在的衍生機型，只要打算製作的 MS 還沒有這種設定，即可拿來套用。這種手法在過去鋼彈系漫畫雜誌連載的『MSV』單元中就有使用到，效果也獲得實際驗證。高機動型就是要配備大尺寸的推進背包，量產型則是要往取消尖角的方向進行改造，這樣一來確實較易於擬定製作計畫，也是其一大優點。當煩惱不知該如何拼裝製作時，不妨採用這種「型型思考」去規劃看看。或許真能就此找出令今看到的人大吃一驚，出乎眾人意料的搭配方式喔♪

◀這是搭配範例之一。選用了薩克Ⅰ的胸部、迅捷薩克的腿部，組裝成動力管數量較少的架構。設想形象為薩克Ⅱ的磁力覆膜用實驗機。

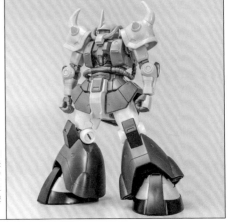

▶這是搭配範例之二。基於在地面上運用的需求，製造了架和德姆一樣具備氣墊裝置的實驗機。設想形象為日後會發展成古夫飛行試驗型的機體。

03 試著運用底漆補土進行塗裝吧

▲由於迅捷薩克和高機動型薩克II的零件在成形色方面差異頗大，因此有必要經由塗裝整合顏色。顏色相近的零件一旦多了就容易搞混，最好將要塗裝的零件按照顏色區分開來保管。以HG來說，用幾個紙杯來裝應該就足夠了。進一步在紙杯上標註要塗裝的顏色，那就更不會搞混了。

▲那麼，關於要分別塗裝成什麼顏色一事，這次就參考『週末動手做 鋼彈模型完美組裝妙招集 鋼彈簡單收尾技巧推薦』中製作吉姆戰士II時推薦使用的底漆補土1500，藉此塗裝成灰色調風格吧。照片中是塗裝前將零件按照顏色拆解開來的模樣。

▲首先是用Mr.細緻灰色底漆補土1500來塗裝零件。要將每個零件分別裝在支架上進行塗裝確實有點費事，但這種底漆補土的遮蓋力很強，一下子就能塗裝完成，因此以HG的零件總數來說，其實也花不了多大的功夫。

▲塗裝完成後的狀態。原本各不相同的顏色已經統整為灰色。一提到底漆補土，很多人會認為「用它塗裝後的表面會很粗糙，只能拿來塗裝底漆」，不過這款1500系列的粒子相當細緻，能夠塗裝出具有霧面質感的精美漆膜，其實是「便於使用的超高性能塗料」呢。

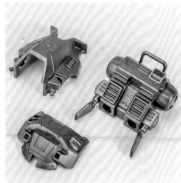

▲與先前相仿，用Mr.細緻黑色底漆補土1500來塗裝身體和推進背包。如此一來，之後就能塗裝成既美觀又細緻的霧面黑。就像薩克的靴子等部位一樣，鋼彈模型光是用此來塗裝就能展現出色的質感，大幅增加提昇完成度的部位，因此備妥這類底漆補土會方便很多喔。

▲全身僅以黑色和灰色這兩種色調來呈現會顯得過於平凡，因此將左肩甲塗裝成紅色作為點綴。不過直接塗裝紅色只會讓底下的顏色透出來，導致顏色顯得有點濁，無法讓紅色呈現良好的發色效果，所以選用了TAMIYA細緻粉紅色底漆補土L來塗裝底色。

▲照片是以TAMIYA噴罐的義大利紅塗裝而成。受惠於塗裝了粉紅色底漆補土作為底色，紅色呈現出良好的發色效果。『裝甲騎兵』中的吸血鬼和紅肩隊特裝型等機體也是將肩甲塗裝成紅色作為點綴，顯得格外醒目。由此可知，增添點綴色是極具效果的配色手法喔。

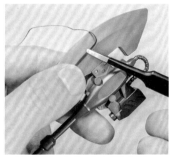

▲由於只有白黑雙色調會顯得很不起眼，因此試著將電熱斧的斧刃部位塗裝成黃色，作為進一步的點綴。首先是將斧刃以外的部位給遮蓋起來。考量到這部分欠缺刻線之類可以作為顏色分界線的構造，最好是選用易於沿著曲面黏貼密合的HASEGAWA製曲面密合紙遮蓋膠帶來黏貼。

▲用曲面密合紙遮蓋膠帶沿著斧刃分界線黏貼完成後，為其餘部分黏貼較寬的TAMIYA製遮蓋膠帶加以全面覆蓋。

▲黃色是較難呈現良好發色效果的顏色，直接塗裝在灰色零件上只會顯得很暗沉。這時能派上用場的，正是先前使用過的粉紅色底漆補土。或許有人會覺得「咦？這樣做妥當嗎？」，不過請放心，儘管塗裝就是了。

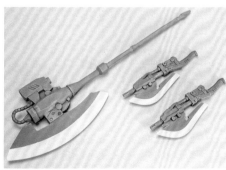

▲用TAMIYA的黃色噴漆塗覆覆蓋。只要反覆進行塗裝、乾燥再次噴塗覆蓋的作業，即可讓黃色呈現美觀的發色效果。粉紅色是白色加入少許紅色而成的。為白色底漆補土加入少許黑色後，即可降低明度，提高遮蓋力的灰色底漆補土。白色底漆補土可視為「只要加入少許能提高彩度的顏色，即可形成提高遮蓋力的底漆補土」。儘管明度和白色底漆補土差不多，但對於不先塗裝白色作為底色，就難以展現鮮明發色效果的黃色等淺色來說，噴塗粉紅色底漆補土能確保呈現良好發色效果。

▲利用巨型電熱斧專屬特效零件為透明零件這點，拿Mr.COLOR噴罐的透明橙來為它施加塗裝。由於透明色有著「隨著重疊塗佈的次數增加，顏色會顯得越來越深，只要噴塗少量並靜置等候乾燥即可」這個特質，因此一定要遵守使用噴罐進行塗裝的基本原則喔。

17

▲高機動型薩克Ⅱ等諸多『MSV』中的吉翁系MS都是將噴射口內側設計為紅色。在此要用CITADEL漆來重現這種分色塗裝模式。先是筆塗莫菲斯頓紅。只要分成多次進行重疊塗佈，那麼就算底色為黑色，照樣能展現良好的發色效果。

▲塗出界處只要拿沾取了魔術靈的棉花棒來擦拭即可。就算是CITADEL漆這種乳化液系水性塗料，用魔術靈來擦拭掉也不成問題。

▲分色塗裝完成的推進背包部位。噴射口以外也有幾處藉由塗裝成紅色作為點綴。儘管CITADEL漆的價位較高，但以局部塗裝來說，使用它就能輕鬆地解決，而且效果也很出色喔。就算只備妥紅、藍、黃、白黑這幾種基本色，塗裝時也會相當方便好用。

◀這是將已塗裝零件組裝起來的狀態。看起來相當沉穩，整合成了給人兵器印象的黑白雙色調，受惠於有紅色作為點綴，不會顯得過於不起眼，呈現了「就算在『MSV』中出現也不奇怪」的配色。儘管這次還會進一步施加舊化，不過對於偏好潔淨美觀風格的人來說，即使做到這裡就宣告完成也不要緊。

04 應用在『MSV』上的舊化

▲『MSV』的吉翁系MS與舊化可說是絕配。為了讓色調看顯得更暗沉，並且重現久經使用的狀態，因此要施加水洗（清洗）與定點水洗。這方面採用了和『週末動手做 鋼彈模型完美組裝妙招集 鋼彈簡單收尾技巧推薦 HG篇』（暫譯）中德姆試作實驗機相同的手法來處理，還請各位參考該書的說明。

▲『MSV』系MS與第一波鋼彈模型熱潮時流行的掉漆痕跡塗裝可說是絕配。不過『GUNDAM THE ORIGIN』的機體本身經過重新詮釋，套用老派的掉漆痕跡塗裝會顯得做過頭，因此塗裝必須內斂些，控制在稍加點綴的程度就好。這方面只要用牙籤前端沾取TAMIYA壓克力水性漆的鉻銀色，藉此稍微點上些許掉漆痕跡就行了。

使用BANDAI SPIRITS 1/144比例 塑膠套件
"HG GUNDAM THE ORIGIN"
高機動型薩克Ⅱ 奧爾提加專用機＋迅捷薩克（基西莉亞部隊機）

　拼裝製作在營造出帥氣感的同時，另一個重點就是要為自創設定塑造出「在鋼彈世界中，那架MS是否真有可能存在？」的說服力。話雖如此，肯定有很多人會覺得「要自行構思出設定實在太難了！」。遇到這種情況時，不妨回想一下『MSV』。進一步拓展了動畫作品的世界觀，還藉由模型以立體作品形式來呈現的『MSV』，可說是鋼彈模型拼裝製作靈感的寶庫。在編撰了『MSV』機體設定的奔流基地成員小田雅弘所著書籍『鋼彈時代』中，提及了吉翁系MS參考了第二次世界大戰時期的戰鬥機，亦即是以現實世界兵器為藍本來編撰設定的。由於『MSV』的MS套用了現實兵器發展系統，因此獲得了極高的說服力。那麼藉由現今繼承了該基因的HG版『GUNDAM THE ORIGIN』系列來學習如何拼裝製作出『MSV』風格機體，肯定會是最佳選擇。畢竟只要稍微替換組裝一下，就能輕鬆地做出「好像真有那麼一回事！」的MS。希望各位也能進行多方嘗試，進而製作出只屬於自己的『MSV』機體喔♪

林哲平的妄想設定
根據「以具備與高機動型薩克Ⅱ同等的推力為傲」這段設定，設想在研發引進了磁力覆膜和力場馬達等聯邦系技術的迅捷薩克時，理應存在著為了確認運用中的機體在強度上是否足以負荷高推力，因此裝設了06-R-1型雙腳和推進背包的實驗機。在一年戰爭後期為了補足欠缺的MS數量，於是讓這架機體也投入了實戰，搭乘者則是擅長格鬥戰的王牌駕駛員……這次就是基於前述的妄想設定製作而成。配合一年戰爭這類已結束的戰爭相關戰史來想像自創設定，這也是製作鋼彈模型的一大樂趣所在。

▶由於只使用黑色和灰色的雙色調會顯得很不起眼，因此加上了紅色作為點綴，結果成效相當出色呢。作為『MSV』藍本所在的第二次大戰時期德軍戰鬥機，其實有不少設置了色彩繽紛的標誌，所以就算配色塗裝得稍微醒目了點，也不至於馬上被批評「毫不寫實」。即使只有一處也好，不妨試著花些功夫添加點綴色吧。

REAR

SIDE

FRONT

在拿鋼彈模型進行拼裝製作時，相較於HG系列，其實屬於1/100比例的MG系列更適合作為選用材料。尤其骨架共通的套件更是具備了高度互換性，有許多零件無須加工即可更換組裝，就算是初學者也能輕鬆地拿來改裝。因此接下來要以「MG拼裝製作」為主題進行說明！這次要讓MG版自由鋼彈Ver.2.0與MG版天帝鋼彈能合為一體，讓大家從中學到如何輕鬆地拼裝製作出超帥氣的鋼彈模型。

BANDAI SPIRITS 1/100 scale plastic kit "Master Grade"
FREEDOM GUNDAM Ver.2.0＋PROVIDENCE GUNDAM use

MG拼裝製作
MG版自由鋼彈Ver.2.0 ✕ MG版天帝鋼彈

01 試著拿MG版的SEED系鋼彈來替換組裝一番吧

▲這次要從在MG裡也以具備了誇張醒目輪廓為特徵的『機動戰士鋼彈SEED』系機體中，選擇使用MG版自由鋼彈Ver.2.0（以下簡稱為自由）與MG版天帝鋼彈（（以下簡稱為天帝）來進行拼裝製作。

◀自由Ver.2.0重新詮釋得恰到好處的外形極具魅力。可動範圍也相當寬廣，全身各處追加的細部結構亦十分精湛。可說是帥氣到無從挑剔，是一款值得推薦給所有人的出色套件。

▶天帝也詮釋成了與自由和正義鋼彈相符的細部結構與外形風格，在背部的龍騎兵系統襯托下，展現出了符合大魔王MS的氣勢，可說是一款深具魄力的套件呢。

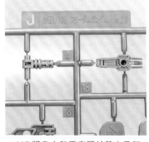

▲MG版自由和天帝屬於基本骨架共通的套件。儘管照片中為天帝的骨架，但框架標示牌上卻明顯地刻有「MG版MG版自由鋼彈Ver.2.0」的字樣。由於零件是共通的，因此能夠輕鬆地經由替換零件進行拼裝製作。

▲先從屬於SEED系鋼彈首要特徵的推進背包觀察起吧。自由這組推進背包的特徵，正在於有著龐大的機翼和電漿光束砲。一旦裝上它就能賦予超群出眾且醒目的輪廓，無論是裝在哪款鋼彈模型上，都能立刻造就極為引人注目的造型。

▲這是天帝的推進背包。這裡搭載了呈現放射狀輪廓的龍騎兵系統，看起來就有如佛像的光環，散發出了莊嚴的氣息。在以具備尖尖刺刺類銳利輪廓居多的SEED系鋼彈中，這種圓形設計風格可說是別具個性的造型，因此想拿來搭配使用的話，或許可多花些心思規劃才行。

▲由於MG版SEED系列有著共通的推進背包構造，因此有著諸多無須改造就能交換推進背包的套件，這點可說是特徵所在，然而自由和天帝的推進背包並無法直接互換。

    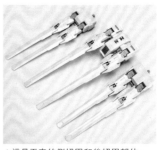

▲來看看自由與天帝的推進背包連接部位吧。自由屬於利用長方形卡榫插入背部的構造，但天帝用推進背包為了配合能夠旋轉的機構，因此採用了藉由極粗圓形卡榫插入背部的構造。這樣一來也就無法在未經加工的情況下直接組裝了……

▲總之，先藉由黏貼雙面膠帶的方式暫且固定住吧。SEED系機體的推進背包多半頗重，因此儘量利用雙面膠帶試組的話，在規劃拼裝搭配的架構時會更易於流暢地進行作業。

▲接著來看側裙甲和後裙甲部位吧。自由的側裙甲以備有展開式磁軌砲為特徵所在。由於光束軍刀的刀柄也是掛載在這裡，因此可說是繼推進背包之後最能展現機體特性的部位。

▲這是天帝的側裙甲和後裙甲部位。此處是由龍騎兵系統的一部分所構成，共計搭載了6具龍騎兵。因為自由和天帝的這個部分為共通骨架，所以能在未經加工的情況下交換組裝。

 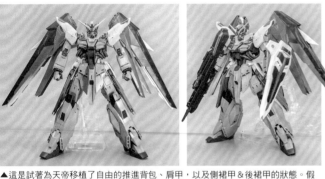 

▲這是試著為天帝移植了自由的推進背包、肩甲，以及側裙甲＆後裙甲的狀態。假如龍騎兵系統的研發來不及趕上實戰，札夫特只好根據留在手邊的自由相關資料追加生產其裝備，以便裝設在天帝身上的話？在前述的想像下，造就了這個具有說服力的面貌。儘管這個造型頗有那麼一回事，但相對於帥氣的模樣，整體的配色顯得七零八落，要是不整合塗裝的話，肯定很不搭調……

▲接著是試著以自由為主體來搭配組裝一番。首先是用雙面膠帶將天帝的推進背包給固定住。由於這個部位是配合體型粗壯的天帝設計而成，因此直接裝在體型苗條的自由身上時，只會顯得背後過重，呈現很不協調的模樣。

▲也一併移植天帝的側裙甲和後裙甲吧。這部分無須加工就能裝設上去是重點所在。不僅是背部，連腰部也搭載龍騎兵之後，即可進一步凸顯出「龍騎兵裝備型自由鋼彈」這個形象。

◀推進背包過於醒目，導致自由的手腳顯得太細瘦。乾脆將手腳也換成天帝的，這樣一來就立刻讓整體造型變得好看許多了！如此調整過後，看起來就不是純粹地更換推進背包，而是像套上了天帝一樣，呈現了如同全裝甲型機體的造型風格。

▲臂部維持現狀的話，根本就只是天帝的臂部罷了，不過只要花點功夫就能讓這部分看起來像是自由的。姑且先將上臂部位拆解開來看看吧。如照片中所示，自由與天帝的骨架構造完全相同。那麼將上臂和手掌更換之後會是什麼樣子呢？

▲如照片所示，更換了上臂和手掌後，只有前臂呈現較粗壯的灰色樣貌，這樣是否就有如「像全裝甲型鋼彈一樣，把天帝的裝甲零件套在自由身上了」了呢？這樣一來就算成形色顯得七零八落，亦照樣能營造出整體感了。

▲將前裙甲也一併更換，試著賦予更具全裝甲型風格的要素。就屬於同一個世界觀的決鬥鋼彈突擊護甲型來說，這樣做等同於賦予了「正中央為原有機體色，前裙甲為增裝裝甲」的說服力。

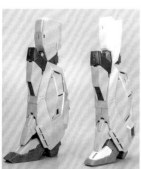  

▲腿部也比照臂部的方式替換組裝一番。在此只要更換大腿和腳掌就好。就算是既粗壯又是灰色的小腿，這樣搭配之後也顯得像是腿部的全裝甲組件一樣了。

◀更換了上臂、手掌、大腿、腳掌後的狀態。儘管整體均衡性和先前只是更換了天帝手腳的狀態沒差多少，但隨著自由的零件形成了點綴，看起來也顯得毫無不協調感，呈現了傳統的全裝甲系鋼彈風格。

▶試著持拿武裝的狀態。以和日後的攻擊自由鋼彈建立起關連性這點來說，「龍騎兵裝備型自由鋼彈」的概念可說是極具說服力，而且整體也顯得十分帥氣呢！與先前的自由型天帝不同，這種搭配方式就完全不必為外裝零件施加塗裝了呢！

02 試著裝上推進背包吧

 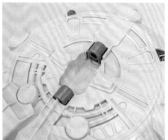  

▲目前問題在於推進背包用的連接部位，姑且先準備在天帝套件中屬於剩餘零件的自由用推進背包連接骨架。由於這是採用共通骨架所多出的零件，因此對於造型十分醒目，能夠用來裝在各式鋼彈模型上的自由用推進背包來說，使用此零件就能在無須傷及推進背包的情況下進行改造了。

▲接著是只把天帝用推進背包上的連接構造中央部位、與身體相連接用軸棒的骨架部位給拆掉。連上下骨架都拆掉後，看起來顯得頗空洞，就造型來說實在不怎麼樣。接下來要將先前的自由用推進背包連接骨架裝在這個中央部位裡。

▲自由用推進背包連接部位並無法直接裝設上去，必須拿初步修剪用斜口剪將多餘的部分修剪掉，這樣才能裝進去。由於完成後幾乎看不見這個部分，因此姑且只要讓它能裝進該處的空間裡就好，不過要是損及了連接軸，或是把周圍修剪掉太多的話，裝上推進背包後會顯得鬆鬆垮垮的，還請特別留意這個部分。MG版SEED系鋼彈的推進背包多半既大又重，要是連接部位太脆弱的話，推進背包可能會整個從主體背後脫落。

  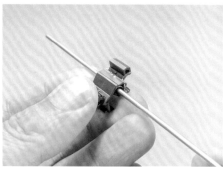

▲就算將自由的推進背包連接部位直接黏合在該處，它也承受不了天帝用推進背包的重量，只要稍微受到一點衝擊就會剝落。因此要用黃銅線打樁固定的方式加以補強，確保具備足夠的強度。首先是針對照片中這個部位用手鑽從側面鑽挖出2mm的孔洞。

▲接著是用手鑽在推進背包中央部位鑽挖出2處2mm的孔洞。鑽孔處要選在與前述自由用推進背包連接零件開孔部位高度相同處，而且要讓孔洞並排在一起。不過就算沒有對齊得很精準也不要緊。筆者本身就只是在大致的位置上鑽挖開孔。

▲將直徑2mm黃銅線插入先前為自由用推進背包連接零件鑽挖出的孔洞裡。這部分選用了WAVE製C‧線。既然是打樁補強用的金屬線，那麼選用太細的黃銅線會難以發揮效果，因此最好選用直徑為2mm的，至少也要選用1.5mm的，這樣的粗細才足以派上用場。

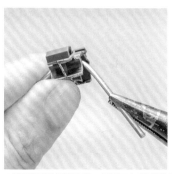  

▲將黃銅線穿過孔洞後，用電工尖嘴鉗彎折成U字形。這樣一來無論怎麼拉扯，黃銅線也都不會從零件上脫落了。接著是為了能插入天帝用推進背包上的孔洞加以固定，因此利用尖嘴鉗的根部將黃銅線剪斷成適當長度。要剪斷黃銅線時可千萬別拿模型用斜口剪來處理。

▲照現況用黃銅線插進去的話，只會顯得鬆鬆垮垮的，因此用TAMIYA造形AB補土高密度型填滿空隙加以固定住。再來即可直接將黃銅線插入天帝的推進背包裡，如此一來就能讓補土代替膠水發揮把自由用推進背包連接零件給固定住的效果。想要把欠缺卡榫或連接結構的零件給固定在一起時，這類補土可以作為強行連接在一起用的材料，可說是拼裝製作之際不可或缺的用品。

  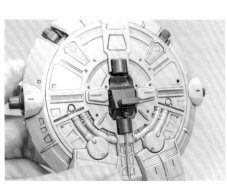

▲在AB補土硬化之前，謹慎地將身體組裝到推進背包上，小心地微調至正確位置後即可固定。這個部分一定要確保對準中央線上，不然一旦有所偏差的話，完成後會顯得十分醒目。為了確保零件不會晃動，以及免於往下垂，最好是找個適當物品充當治具來輔助支撐。

▲該AB補土本身是白色的，有必要自行塗裝。等到硬化之後，無論用哪種塗料來上色都行，因此選用與骨架相近的灰色來塗裝吧。該處在完成後也就幾乎看不見了，其實只要塗裝到不會露出白色的部分就好。

▲將自由用推進背包連接零件移植完成的狀態。像這樣利用剩餘零件，並且用黃銅線打樁補強的話，就算保留零件原有的成形色，亦可對鋼彈模型施加改造呢。

03 對細部加工以進行改良

▲這是先前搭配出來的天帝小腿與自由大腿部分。仔細一看會發現，大腿末端處凸起構造會卡到天帝小腿的頂部，導致腿部無法完全伸直。如果不在乎這點的話，就算不處理也無妨，不過在此還是試著稍加處理一下吧。

▲將會卡住的部分拿初步修剪用斜口剪來剪掉。不過要是將該處修剪掉太多的話，反而會形成過大的空隙，因此務必要一邊比對零件的實際狀況，一邊逐步進行修剪。

▲拿初步修剪用斜口剪進行修剪後，剪口處會顯得很粗糙，必須用銼刀抵住該處表面加以打磨平整，以這麼小的面積來說，磨平也只是一瞬間的事情。這部分選用了削磨力很強，打磨成果也顯得很工整美觀的TAMIYA專業手工藝銼刀來處理。

▲這是對自由的大腿外裝零件進行加工後，重新組裝的狀態。與加工前的狀況相較，卡住的部分已不存在，腿部能完全伸直了。儘管是較細微的部分，但有加工過就能進一步提升作品的完成度。以零件加工來說，這算是最初步的，還請各位也務必親手練習看看。

04 試著對骨架進行更細微的替換組裝吧

▲儘管是具有共通機構的骨架，但自由的為灰色，天帝的則是暗灰色，各自的成形色並不相同。由於這樣會給人配色亂七八糟的印象，因此凡是使用到自由的骨架之處，就把所有零件都換成自由的，天帝的骨架零件僅使用在有其必要之處。

▲自由的腳踝骨架上設有踝護甲連接用卡榫。當使用天帝的小腿時，派不上用場的該卡榫會暴露在外，因此這部分改為使用天帝的骨架。受惠於基本設計是共通的，當然無須加工即可順利交換零件使用。

05 試著讓細部的顏色一致

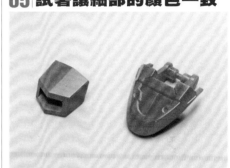

▲自由與天帝的紅色成形色在色調上有些差異，是唯一替換組裝後會顯得很醒目的部分。所幸零件的總數並不多，用TAMIYA噴罐的義大利紅來塗裝，讓顏色顯得一致吧。不過天帝的紅較為暗沉，直接塗裝難以呈現鮮明的發色效果，最好先噴塗粉紅色底漆補土作為底色。

06 試著用壓克力水性漆入墨線吧

▲自由和天帝這兩者都是有著高精密度細部結構的套件，藉由入墨線來凸顯細部節構結構的話，絕對足以左右最後的完成度。不過只靠擬真質感麥克筆來入墨線會很費事，因此試著選用不會造成塑膠劣化破裂的水性HOBBY COLOR來入墨線吧。

▲需要使用到的是消光黑水性HOBBY COLOR、魔術靈，以及TAMIYA壓克力系溶劑。將這三者以2：6：2的比例混合均勻吧。附帶一提，由於一開始拿來入墨線時發現顏色顯得過黑，因此後來藉由加入微量的消光白調成了灰色。

▲讓塗料順著細部結構進行滲流。儘管壓克力水性漆的延展性並不算好，不過在魔術靈內含的介面活性劑發揮作用下，得以呈現良好的延展性，能夠順利地沿著細部結構滲流。而且就算滲流了過多塗料，也用不著擔心會腐蝕零件造成劣化破裂喔。

▲等乾燥後就用棉花棒進行擦拭。若有為入墨線塗料加入較多的魔術靈，那麼棉花棒只要沾水就能拿來擦拭。遇到難擦拭的地方時，再改用棉花棒沾取魔術靈來擦拭即可。當遇到滲流過度導致表面出現泡沫的狀況，用沾水的面紙輕輕地摩擦零件就行，這樣做不會影響後續的消光質感。

▲入墨線後呈現的效果與使用一般琺瑯漆來入墨線時幾乎完全相同。鋼彈模型不僅是免膠型卡榫設計，還具有許多可動部位，因此用琺瑯漆入墨線造成零件劣化破裂的風險較高，不過只要改用壓克力水性漆就不必擔心了。也能套用在ABS材質上。

▲等入墨線完畢，並且黏貼過塑膠貼紙後，就用特製消光TOPCOAT噴塗整體，藉此營造出消光質感。事先拆解到某個程度，以區塊為單位進行噴塗的話，成果會顯得更為美觀。由於是尺寸較大的套件，因此準備個2罐左右就能放心地進行作業了。

07 試著用金屬色添加點綴吧

▲整體都處理成消光質感，看起來會給人很不起眼的印象，為了充分發揮套件本身的高精密渡細部結構，因此用TAMIYA琺瑯漆的鈦銀色、4 ARTIST MARKER的金色來為細部結構分色塗裝。這兩者都是琺瑯漆，要是塗出界的話，只要用沾取了琺瑯系溶劑的棉花棒來擦拭即可。

▲琺瑯漆的附著力較低，有著一旦被手觸碰到，漆膜就會被手上的油脂給溶解這個缺點。因此遇到照片中這種零件末端很容易被手觸碰到的部位時，最好改用漆膜較堅韌的銀色硝基系噴罐來塗裝，這樣能大幅提高作品的穩定度。這類零件的面積較小，就算在色調上多少有些差異也幾乎看不出來。

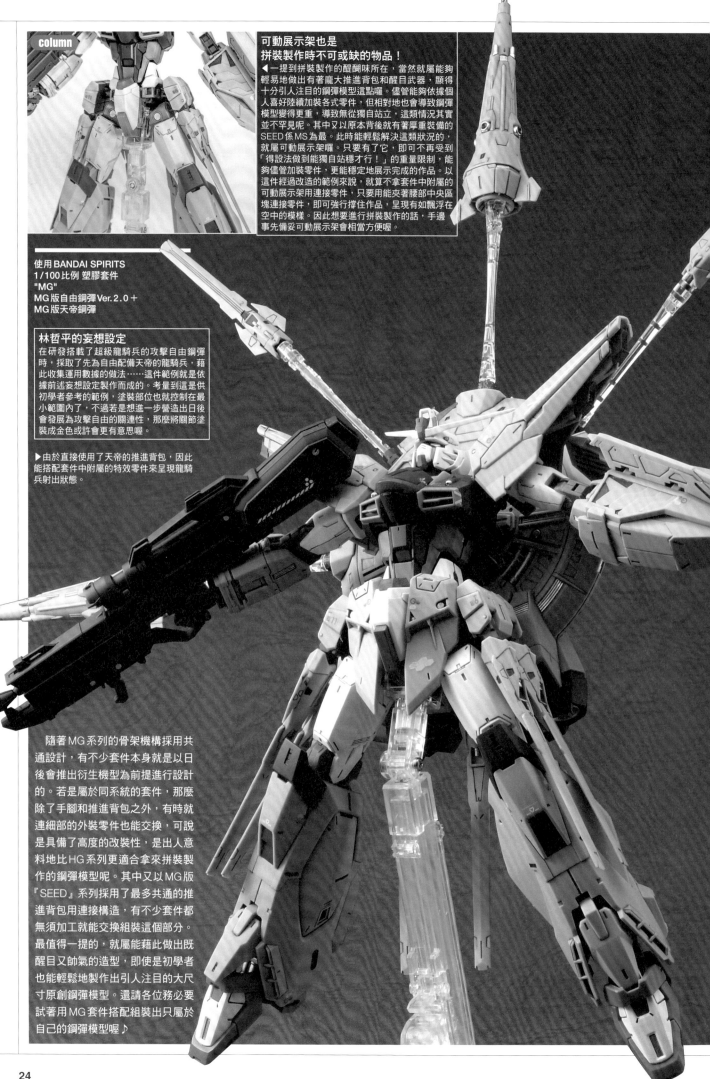

**可動展示架也是
拼裝製作時不可或缺的物品！**

◀一提到拼裝製作的醍醐味所在，當然就屬能夠輕易地做出有著龐大推進背包和醒目武器，顯得十分引人注目的鋼彈模型這點囉。儘管能夠依據個人喜好陸續加裝各式零件，但相對地也會導致鋼彈模型變得更重，導致無從獨自站立，這類情況其實並不罕見呢。其中又以原本背後就有著厚重裝備的SEED係MS為最。此時能輕鬆解決這類狀況的，就屬可動展示架囉。只要有了它，即可不再受到「得設法做到能獨自站穩才行！」的重量限制，能夠儘管加裝零件，更能穩定地展示完成的作品。以這件經過改造的範例來說，就算不拿套件中附屬的可動展示架用連接零件，只要用能夾著腰部中央區塊連接零件，即可強行撐住作品，呈現有如飄浮在空中的模樣。因此想要進行拼裝製作的話，手邊事先備妥可動展示架會相當方便喔。

使用BANDAI SPIRITS
1/100比例 塑膠套件
"MG"
MG版自由鋼彈Ver.2.0＋
MG版天帝鋼彈

林哲平的妄想設定
在研發搭載了超級龍騎兵的攻擊自由鋼彈時，採取了先為自由配備天帝的龍騎兵，藉此收集運用數據的做法……這件範例就是依據前述妄想設定製作而成的。考量到這是供初學者參考的範例，塗裝部位也就控制在最小範圍內了，不過若是想進一步營造出日後會發展為攻擊自由的關連性，那麼將關節裝成金色或許會更有意思喔。

▶由於直接使用了天帝的推進背包，因此能搭配套件中附屬的特效零件來呈現龍騎兵射出狀態。

隨著MG系列的骨架機構採用共通設計，有不少套件本身就是以日後會推出衍生機型為前提進行設計的。若是屬於同系統的套件，那麼除了手腳和推進背包之外，有時就連細部的外裝零件也能交換，可說是具備了高度的改裝性，是出人意料地比HG系列更適合拿來拼裝製作的鋼彈模型呢。其中又以MG版『SEED』系列採用了最多共通的推進背包用連接構造，有不少套件都無須加工就能交換組裝這個部分。最值得一提的，就屬能藉此做出既醒目又帥氣的造型，即使是初學者也能輕鬆地製作出引人注目的大尺寸原創鋼彈模型。還請各位務必試著用MG套件搭配組裝出只屬於自己的鋼彈模型喔♪

REAR

SIDE

FRONT

比MG和HG更適合拿來進行拼裝製作的鋼彈模型是哪個系列呢？說來或許令人意外，答案其實是SD鋼彈的塑膠套件系列，也就是BB戰士喔。這個系列幾乎所有零件都具備互換性，價格也很便宜，想要組裝多款套件時亦是輕而易舉，可說是非常適合需要拿複數機體來搭配一番的拼裝製作呢。在此要試著拿驚異紅武者和第二代頑馱無大將軍來進行拼裝，做出獨一無二的大將軍。

BANDAI SPIRITS plastic kit
"SD BUILD FIGHTERS" "KURENAI MUSHA" RED WARRIOR AMAZING
+ "LEGENDBB" NIDAIME GUNDAM DAISHOUGUN use

BB戰士拼裝製作
SDBF版驚異紅武者 × LEGEND BB版第二代頑馱無大將軍

01 拿LEGEND BB套件來拼裝搭配一番

▲驚異紅武者和第二代頑馱無大將軍。本次要拿在SD世代之間引發莫大熱潮的這2款套件來進行拼裝製作，試著做出能讓SD魂指數大爆發的超戰士！SD在體型與機構方面有許多共通之處，畢竟這可說是以「讓小孩子也能替換組裝把玩一番」為前提所設計的鋼彈模型呢。

▲這是SDBF版驚異紅武者（以下簡稱為紅武者）。這個角色源自BB戰士全盛時期在BOMBOM漫畫月刊上連載的大和虹一老師筆下漫畫『超戰士鋼彈小子』，在該作品中深受喜愛的「紅武者」，後來在『鋼彈創鬥者TRY』重新詮釋為驚異紅武者，並且採用LEGEND BB形式推出立體商品，可說是完全命中SD世代喜好的套件呢。

▲這是LEGEND BB版第二代頑馱無大將軍（以下簡稱為第二代大將軍）。在鋼彈模型歷史中也極為重要的「豪華SD」系列，正是以這個角色為先河。即使以LEGEND BB形式推出重新詮釋版套件，當年風靡了無數小孩的閃亮電鍍零件等豪華絢爛規格也依舊不變。

▶LEGEND BB版第二代大將軍能經由替換組裝零件重現晉升為大將軍前的面貌，也就是雷鳳頑馱無。如同照片中所示，BB戰士多半都具備了只要更換頭盔和鎧甲，即可讓整體面貌顯得截然不同的機構，可說是相當適合用來改裝呢。

▲取下頭盔和鎧甲後即可呈現輕裝形態。此形態可說是相當於內部骨架。由於絕大部分的套件都能彼此互換頭盔和鎧甲等部位，因此能自由自在地用來製作出獨一無二的BB戰士。

▲這次以在『超戰士鋼彈小子』中登場的角色「大農丸」為參考，試著讓紅武者披掛第二代大將軍的鎧甲，藉此製作出「紅大將軍」。首先試著戴上第二代大將軍的頭盔。由於具備相同的機構，因此無須改造即可直接組裝。

▲再來是試著裝上胸部鎧甲，不過受限於組裝槽的尺寸不同，導致無法直接設裝上去。遇到這種情況時，其實只要將身體區塊整個換掉即可！畢竟連軟膠零件也是相同規格的，因此不僅是外裝零件，就連內部骨架也能以區塊為單位輕鬆地替換組裝。

▲這就是為紅武者直接裝上第二代大將軍鎧甲後的狀態。儘管看起來很帥氣，但光是這樣做似乎與第二代大將軍沒有太大差別，原本紅武者給人的印象倒是減少了許多。因此接下來要試著把一部分換回紅武者的零件。

▲頭盔、臂部護甲保留紅武者的零件，腰部選用第二代大將軍的輕裝形態，腰部鎧甲則是選擇第二代大將軍套件中的雷鳳頑駄無用零件，藉此讓紅武者的形象能更加鮮明。對SD來說，角色形象是相當重要的，只要有仔細規劃過機體的個性和特質，即可造就具備高度SD魂指數的作品。

  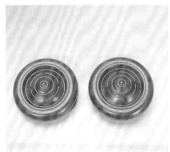 

▲話說回來，既然要冠上大將軍的名號，那麼豈能不裝上頑駄無結晶和施了豪華電鍍的角飾部位呢。不過要是直接黏合上去的話，之後就無法重新做調整了，因此姑且先為紅武者的頭盔黏貼雙面膠帶，以便將它們暫時固定在該處。

▲這是大型車輪零件。一提到紅武者，就會聯想到機車，由於這是對角色形象極為重要的零件，因使先用雙面膠帶黏貼在大目牙砲的外側。

▲重新組裝了屬於第二代大將軍、紅武者各自特徵所在零件後的完成狀態。在無損於紅武者形象的狀況下，呈現了宛如大將軍輪廓的架構呢。

▲既然是BB戰士，肯定不能少了原創變形機構。這次直接利用了第二代大將軍可變形為武者要塞的變形機構，輪胎和整流罩則是可以作為象徵車輛的特色，因此得以變形為原創形態。

02 調整連接卡榫

 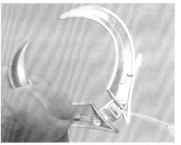

▲在LEGEND BB系列的套件中，有不少把角飾零件的連接卡榫設計成長方形，只要對該處稍加切削調整，即可組裝到其他套件上的例子也不罕見。這片第二代大將軍的角飾零件也是只要稍加切削調整，就能組裝到紅武者的頭盔上。

▲在作業過程中，有時會發生切削過頭，導致組裝起來顯得太鬆的狀況。此時只要為連接卡榫塗佈高強度型瞬間膠，讓該處變得粗一點即可。高強度瞬間膠就算表面乾燥了，內部也未必已經真的乾燥了，要是就這樣直接組裝上去，就會牢牢地固定住，因此一定要等候充分乾燥後再進行組裝喔。

03 設置變形用組裝槽

▲為了能變形為原創形態，必須在紅武者頭盔整流罩零件上製作出組裝第二代大將軍角飾用的組裝槽。首先是用黑色麥克筆在打算削挖出開口處描繪出草稿。

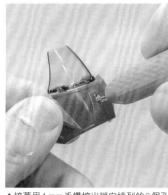  

▲接著用1mm手鑽挖出縱向排列的3個孔洞，然後用筆刀將它們削成整個相通的開口。此時可別急著一舉擴孔。要是開口挖得過大，後續組裝零件時就會顯得太鬆。因此要配合角飾的連接卡榫尺寸，採取逐步削開的方式擴孔。

▲變形用組裝槽設置完成的狀態。BB戰士乃是以具備了可變形和換裝等高度娛樂性為魅力所在的鋼彈模型。在打算做出原創作品時，能夠像這樣藉由追加組裝槽來增添「玩法」的話，肯定能造就更具魅力的作品。

04 用框架製作連接軸

▲將紅武者的輪胎裝設在大目牙砲側面吧。為了做到就算直接用膠水黏合固定，亦能便於裝設上去，因此要試著用框架來製作連接軸。首先是用手鑽在打算插入軸棒的地方鑽挖開孔。想一舉鑽挖出3mm孔洞的話，很可能會不小心鑽歪，最好是先鑽挖出1mm孔洞，再逐步擴孔。

▲從原本設有大目牙砲零件的剩餘框架上用斜口剪來剪出一小截3mm部位。這時如果拿終極斜口剪這類薄刃型修剪注入口用單刃斜口剪來剪裁，那麼可能會導致刀刃產生扭曲或破裂，因此一定要用雙刃型的斜口剪來剪裁。

▲將剪裁出來的框架插入孔洞裡，並且用高強度型瞬間膠牢靠地黏合固定住，然後修整成適當的長度，這麼一來連接軸就完成了。儘管在改裝鋼彈模型時，3mm軸棒會是不可或缺的材料，但就算不特地去買塑膠棒來使用，只要從框架上就地取材即可解決問題。就連在顏色方面也能直接保留成形色，因此可說是進行簡易拼裝製作之際必備的材料呢。

05 試著用噴罐來整合顏色吧

▲紅武者的成形色為紅色，第二代大將軍則是白色。想要將紅色塗裝成白色會很費事，因此配合紅武者典故所在的紅戰士形象，試著將白色零件塗裝成紅色的吧。

▲用紅色Mr.COLOR噴罐塗裝紅色後的狀態。受惠於零件本身是白色的，一下子就能塗裝成有著良好發色效果的紅色。由於白色零件易於經由塗裝更改顏色，因此很適合當成做原創作品時的基礎。

06 用CITADEL漆塗裝BB戰士

▲BB戰士的配色通常多彩繽紛，就算是職業模型師，想要用遮蓋塗裝方式來上色也很吃力。話雖如此，只要拿塗裝微縮模型用的CITADEL漆來上色，即可輕鬆將BB戰士的複雜配色給塗裝好！這次選用了熾天使棕、惡陽鮮紅色、聖痕白、卡羅堡深紅、復仇者盔甲金這5種顏色。

▲要是直接將CITADEL漆塗佈在塑膠零件本身的光滑表面上，那麼塗料會很難以附著，因此必須先噴塗Mr.超級柔順消光透明漆來打底。

▲接著就能進入塗裝階段了。照片中為噴塗消光透明漆後的狀態。之所以選擇噴塗硝基系透明漆來打底，用意是為了易於後續發生問題時的補救作業。儘管CITADEL漆也能用魔術靈擦拭掉，但要是用屬於水性的特製消光TOPCOAT來打底，就會一併被擦拭掉。

▲首先是用熾天使棕為零件整體施加水洗。這樣一來塗料會很容易堆積在凹凸起伏處的凹槽裡，相當適合使用在具備諸多細部結構的BB戰士上呢。不過要是一舉塗佈大量塗料的話，塗料可能會堆積在不必要的地方並就此乾燥，因此只要適量地塗佈好，這是訣竅所在。附帶一提，這類水洗漆（原廠牌分類為陰影漆）屬於透明色，使用完畢後可別忘了要把沾取過的漆筆清洗乾淨喔。

▲接著是經由施加乾刷來凸顯細部結構。首先是用平筆的筆毛末端沾取些許惡陽鮮紅色，然後用面紙擦拭到僅剩下微量塗料的程度。

▲筆毛上的塗料殘留量會大幅度左右乾刷效果。先拿測試用的零件來看看效果確實是一種方法，不過最值得推薦的方法，其實是先試著在手背上乾刷。由於筆毛上的塗料殘留量尚在調整，因此就算當作被騙了也好，請務必要先嘗試喔。之後只要仔細地洗手，塗料就會連同老化的皮膚角質一併洗掉，一點都不成問題。

▲用筆毛末端刷掃零件的稜邊部位，讓殘留塗料能附著上去。想要一舉抹上塗料的話，只會造成留下筆痕的狀況，導致效果顯得很不美觀。因此謹慎地逐步進行刷掃，可說是乾刷的訣竅所在。

▲依序用惡陽鮮紅色→聖痕白進行乾刷後的完成狀態。最後用白色來添加高光後，確實進一步凸顯出了凹凸起伏的造型呢。

▲最後是用卡羅堡深紅薄薄地施加一層水洗。這麼一來，原本因為施加乾刷而顯得變白的零件整體，就會受到添加了紅色的影響，使得顏色變得鮮明許多。這就是名為罩染的染色塗裝技法。

▲由於經過乾刷和罩染重新賦予光澤感後，零件的收縮凹陷和粗糙處也會變得很醒目，因此要再度噴塗 Mr. 超級柔順消光透明漆，讓零件整體能呈現一致的消光質感。噴塗這款漆會呈現較偏向消光的霧面質感，與塗料本身的性質並不算契合，一旦噴塗過量還會令塗料顯得很突兀，因此為了保險起見的話，最好還是改為噴塗特製消光 TOPCOAT。

▲一提到BB戰士的武者和騎士，就會聯想到鎧甲中的鑲邊部位，這也是塗裝時會令人煩惱不知該怎麼上色才好的重點之一，不過只要選用遮蓋力很強的 CITADEL 漆來筆塗，那麼一下子就能塗好了。這次就選用復仇者盔甲金來分色塗裝吧。

▲以底色本來就是成形色的狀況來說，稍微塗出界處只要用鑿刀或筆刀刮掉就好。儘管多少會刮掉一點經過水洗和乾刷的部分，不過若是面積不大的話，其實也並不會多醒目。

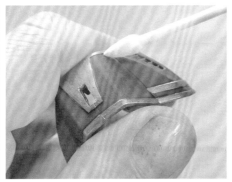

▲假如塗出界的範圍較大，底色又是經過塗裝的，那麼就用沾取了魔術靈的棉花棒來擦拭掉吧。儘管漆比壓克力水性漆難擦拭，但 CITADEL 漆本身是水性乳化液塗料，因此還是能用魔術靈擦拭掉的。

▲鑲邊部位分色塗裝完成的狀態。以BB戰士的細部結構來說，想要用遮蓋方式來分色塗裝會很困難，不過只要先為底色做好保護膜，再用 CITADEL 漆來分色塗裝，即可反覆進行修正，放心地塗裝到呈現夠美觀的成果。

▲為了保留肩甲零件處浮雕部位的電鍍效果，接下來要針對浮雕以外的部位進行分色塗裝。首先是用惡陽鮮紅色來塗裝凹陷部位。儘管塗料會比較難以附著在經過電鍍的零件表面上，不過只要反覆重疊塗佈幾次，即可均勻地上色完成。

▲塗出界處用沾取魔術靈的棉花棒來擦拭掉吧。稍微擦拭可能還不足以去除多餘塗料，但只要反覆擦拭幾次，即可擦拭掉塗出界的部分。這樣做確實也會稍微讓稜邊露出作為電鍍部位底色的銀色，不過在先前為主體施加乾刷的襯托下，反而能營造出整體感，因此不成問題。

▲為肩甲分色塗裝完成的狀態。這片零件確實也有附屬專用的貼紙，不過圖樣實在太複雜，想要黏貼得美觀工整會相當費事。儘管是很複雜的細部結構，但只要用筆塗搭配魔術靈擦拭的方法來處理，即可分色塗裝得相當美觀工整，還請各位務必要親自嘗試看看。

07 試著調整漆膜的厚度吧

▲經過塗裝的戰士最令人煩惱之處，就屬刮漆這檔子事了。以持拿武器為例，刀柄這類部位一經持拿就很容易刮漆，導致該處顯得很不美觀。儘管持拿起來會顯得稍微鬆一點，但只要事先用 3 mm 手鑽為持拿武器用手掌的內部擴孔，即可避免造成刮漆。

▲BB 戰士有不少屬於塑膠零件彼此嵌組或連接的部位，要是毫不在意漆膜厚度就強行組裝起來，那麼就會折斷原本確保零件可動用的卡榫。因此儘管會稍微費事些，還是得事先用鑿刀或筆刀把這類卡榫表面的漆膜給刮掉。

08 施加金屬質感塗裝引人注目

▲一提到大將軍，肯定少不了豪華絢爛的金色。將靴子部位用噴罐的金色施加塗裝，藉此增加金色部位的面積，營造出符合大將軍風格的配色吧。儘管電鍍、CITADEL 漆、噴罐的金色色調上都有所不同，但令人意外的是，這些差異在BB戰士上其實並不醒目，因此不成問題。

BBSD鋼彈原本就是很適合拿來拼裝製作的鋼彈模型!

▲以一般鋼彈模型來說,每種MS的體型都有所不同,想要搭配得好看,其實得花不少心思。不過SD的體型就幾乎完全相同,無論怎麼替換組裝都不會令外形顯得詭異,能夠自由自在地搭配組合。上方照片中是以SD鋼彈CROSS SILHOUETTE版夜鶯為主體,裝上LEGEND BB版第二代大將軍和BB戰士三國傳版馬超蒼藍宿命的手腳而成。如果是用一般體型的MS來做,肯定會變手腳和身體不成比例的怪模怪樣。能夠享受到無限多種搭配組合的樂趣,也是拿BB戰士來拼裝製作的趣味所在呢。

▶刀身是用噴罐塗裝成銀色。由於漆膜本身較為堅韌,因此即便收刀入鞘也不太容易刮漆。

▼軍隊指揮扇也和鎧甲的鑲邊部位一樣,用CITADEL漆的復仇者盔甲金施加了分色塗裝。因為易於修正補色,所以就算是這類有著複雜中文字的地方也能輕鬆地塗裝好。

▲這是輕裝形態。作為頭盔裝飾的苦無可以取下來,改為持拿在手中。

▲這是原創的變形狀態。對SD鋼彈來說,變形是不可或缺的機構呢。

REAR　　　　　　**SIDE**　　　　　　**FRONT**

使用 BANDAI SPIRITS 塑膠套件
"SD創鬥者" 驚異紅武者＋
"LEGEND BB" 第二代頑馱無大將軍

　　對不了解兒童取向鋼彈模型的人來說，可能會覺得BB戰士不怎麼樣，不過這其實是發展了30年以上，有著深遠歷史的系列。而且還是所有鋼彈模型中最適合拿來拼裝製作的系列呢。受惠於所有MS都詮釋成了共通的SD體型，得以具備了能任意交換組裝的構造，更有著著重於供兒童把玩的外裝零件自由裝卸機構、變形合體機構等設計，能輕鬆地做到一般鋼彈模型難以表現的機能。筆者本身就是從BB戰士入門鋼彈模型的世代，看了有著紅武者和第二代大將軍大顯身手的『超戰士鋼彈小子』後，當然也萌生了想製作原創BB戰士的念頭。因此拿BB戰士拼裝製作可說是筆者個人的原點所在。對SD世代來說是令人懷念的回憶，對沒接觸過的玩家來說是嶄新挑戰，希望各位都能親自用SD鋼彈來製作出原創鋼彈模型喔♪

林哲平的妄想設定
如果紅武者在BB戰士最當紅的時期推出了套件，還和『超戰士鋼彈小子』中的大農丸一樣，拿來與第二代頑馱無大將軍拼裝製作成原創SD，那會是什麼樣子呢？這件範例就是基於前述妄想設定製作出來的。雖然這次因為比照紅戰士的形象來做會比較簡單，所以採用了以紅色為基調的配色，不過若是詮釋成較偏向大將軍的形象，改為塗裝成以珍珠白為主體色，那樣似乎也很有意思喔。

31

拼裝製作最令人煩惱的，就屬套件的價格了。想要用那款鋼彈模型和這盒鋼彈模型來做出如此的作品！儘管心裡這麼想，但想要購買價格超過1萬日幣的套件，從現實層面來看確實並不輕鬆。既然如此，改用SD來做會如何呢？接下來要延續先前的走向，介紹利用SD鋼彈系列套件來做的「SD大魔王拼裝製作」。這次要拿BB戰士版新吉翁克和SDCS版夜鶯來拼裝搭配一番，將任誰都曾想像過，「有腳的」新吉翁克給製作出來。

BANDAI SPIRITS plastic kit
"SD GUNDAM BB SENSI" NEO ZEONG
+"SD GUNDAM CROSS SILHOUETTE" NIGHTINGALE use

SD大魔王拼裝製作
SD鋼彈BB戰士版新吉翁克 ✕
SD鋼彈CROSS SILHOUETTE版夜鶯

01 先來看看要使用到的套件吧

▶新吉翁克和夜鶯都是宇宙世紀代表性的大魔王機體。在成形色和線條設計上也都很像，拿來拼裝製作肯定很相配，但它們的HG套件同樣都很貴，不是能說買就買的。因此這次改為使用在價格上買起來比較沒有壓力的SD套件，以便就一般MS來說，在預算上令人卻步不前的大魔王拿來拼裝一番，做成有著超級醒目面貌的作品。

▲BB戰士版新吉翁克。若是HG版套件，價格含稅為27500日幣，全高86cm，預算和擺設空間都得具備，才有勇氣買下去，不過BB戰士版含稅價只要2200日幣，買起來較不會有太大壓力。而且內容也很划算，附有HG版得另外購買的腦波傳導片光輪！動畫中出現的機構也幾乎重現，有著極高的娛樂性，在BB戰士中也是頂尖的傑作套件呢。

▲這是SDCS版夜鶯。夜鶯本身有推出過RE/100、HG等各式各樣比例的套件，SDCS版儘管如字面上所示是詮釋成SD造型，在體型設計上卻也不遜於日後推出的HG版套件，價格也只要1540日幣，同樣能買得毫無負擔。在能購買到夜鶯這架機體的套件中算是價位最低的，可說是相當划算的好套件呢。

02 以呈現「全備型」為目標吧

▲一提到冠上「吉翁克」這個名號的MS，最令人在意的部分就屬腳了。儘管被說成「腳只是裝飾品」，但就是想試著裝裝看，這才是有前途的人物。在此先拆下新吉翁克的疾風推進器，改為裝上夜鶯的腳試試看。結果簡直就像是為了這麼做而存在的呢，無論是在形狀和均衡感等方面都十分契合呢。可惜球形關節的直徑略有差異，導致組裝起來有點鬆，因此得暫且用雙面膠帶輔助固定。

▲疾風推進器這類大型增裝燃料槽屬於具有強烈視覺震撼力的零件，純粹拆掉不用會很可惜。所幸新吉翁克背面有著許多用來連接輔助機械臂的組裝槽，因此改為裝設在其中的兩處上。這樣一來，側面的輪廓也變得厚重了許多，更加凸顯出了屬於大魔王的氣勢。

▲新吉翁克本身是以新安州作為核心。裝上雙腳後就算是完成啦！儘管要這麼想也無所謂，不過目前還剩下很多夜鶯的零件沒用到。因此不妨再努力一下，試著做出最強的大魔王機體吧！

▲與新吉翁克形態搭配組裝完成的狀態。就也筆者自己也認為做得恰到好處，有著簡直原本就是如此設計，毫無不協調感的外形。需要替換組裝的部分也不算多，總知識對初學者來說很友善的拼裝製作方式。在確認過零件之後，決定往外部是新吉翁克，內部是夜鶯的方向繼續進行製作。

▲試著將頭部換成夜鶯的吧。新吉翁克是由諾耶·吉爾和α·阿基爾發展而來，在外形上有著濃厚的大型MA色彩，因此相較於起原有的新安州頭部，就算裝上了更具吉翁系MA色彩的夜鶯頭部，看起來也毫無不協調感。基於這點，本次也就決定往「搭載了夜鶯的新吉翁克」這個方向進行製作。

▲一提到夜鶯最具魅力之處，當然就屬兼具感應砲武器櫃機能的大型平衡推進翼囉。這確實是令人覺得一定要使用到的零件，不過也只要套在新安州的可動式推進器上就能自由裝卸了。儘管零件之間會稍微有點卡住，導致難以向上抬起，但只要稍微把會卡住的部分削掉，也就能大致解決這個問題了。

▶取下外裝部位後的狀態。光是裝上頭部和平衡推翼，給人的印象就偏向了夜鶯許多，但也有著令下半身反而顯得欠缺分量的問題。因此接下來要花點功夫進行調整，力求呈現更具夜鶯風格的體型。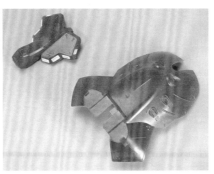

▲這方面還是以移植夜鶯的零件為最佳解決法。用雙面膠帶黏貼上前裙甲和後裙甲後，前後兩側就顯得極具分量，呈現了如同夜鶯的體型。儘管夜鶯是比照了夏亞本人的修長形象，多半是詮釋成較類似沙薩比，有著修長雙腿的體型，但受到裙甲遮擋住雙腿的影響，導致腿短一點反而會更貼近設定圖稿給人的印象。SDCS版夜鶯之所以被譽為擁有最棒的體型，首要理由正在於充分發揮了SD體型本身就腿短的優點。

03 試著對零件進行加工吧

▶最後是用雙面膠帶把新安州的天線黏貼在頭部中央作為點綴，這樣一來HOBBY JAPAN原創的「光明夜鶯」就完成了。為了讓輪廓能更貼近夜鶯，姑且也取下了肩部側面護甲。由於新安州與夜鶯的成形色相同，因此基本上沒有自行塗裝的必要，這也是令人欣喜之處呢。

▲接著要實際對零件進行加工、黏合。首先是要將新安州的天線用TAMIYA模型膠水牢靠地黏合住。頭部天線的裝設位置一旦稍有歪斜，看起來就會很糟糕，因此要選用能夠微調位置的高黏稠度型聚苯乙烯系膠水來黏合，這樣也比較易於調整位置。不過這種膠水至少需要靜置24小時左右等候完全乾燥就是了。

▲由於新安州與夜鶯的頸部連接方式不同，按照套件原樣是無法直接組裝起來的，因此必須等夜鶯的頸部移植到新安州上才行。這道作業就等裝進外殼組件裡之後再進行吧。這樣才能確保黏貼固定在可以呈現最佳造型的位置上。

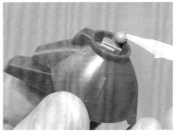

▲拿初步修剪用斜口剪把原有的頸部外圍大致剪掉，再用筆刀切削修整細部，然後用TAMIYA模型膠水黏合到新安州的頸部上。由於SD的頭部較大，頸部需要負荷較大的重量，因此一定要確保能牢靠地黏合固定住。

▲夜鶯原有的球形軸棒較小，無法牢靠地組裝在新吉翁克的疾風推進器用組裝槽裡，得為球形軸棒表面塗佈高強度型瞬間膠，使這部分能粗一點。要是改用低黏稠度速乾型瞬間膠，會導致零件破裂，就算花了功夫塗佈，受到強度變差的影響，一下子就會變得鬆弛了，因此並不適用。

▲高強度型瞬間膠要一段時間才會硬化，這方面選擇搭配ALTECO製噴罐型瞬間膠用硬化促進劑的話，那麼一下子就會硬化了，有助於更流暢地進行作業。由於進行拼裝製作時會經常用到高強度型瞬間膠，因此儘管稍微多花點錢，最好還是備妥噴罐式硬化促進劑會比較方便。

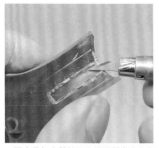  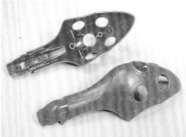 

▲再來是把夜鶯的平衡推進翼黏合在新安州背部可動式推進器上。直接裝設的話，會被平衡推進翼內側的組裝槽給卡住，因此得將該處用斜口剪和筆刀修剪掉，以便讓零件在黏合之際能組裝得更緊密。

▲這就是黏合到新安州背部可動式推進器上之後的模樣。由於該處是需要承受相當大負荷的部位，因此在用TAMIYA模型膠水謹慎地確定裝設位置並牢靠地黏合固定住之餘，還要從空隙處滲流高強度型瞬間膠以進一步提高強度。改用耐衝擊性較高的雙液混合型AB膠來黏合固定也不錯。具體的黏合位置如上方照片中所示。

▲按照現有狀況組裝的話，平衡推進翼的內部機械零件會被新安州原有推進器卡住，因此得將原本用來連接到夜鶯主體上的球形關節一帶剪掉。一舉動剪可能會誤把需要保留的部分也一併剪掉，最好是比對零件的實際狀況逐步進行修剪，這樣才能避免發生失誤。

▲平衡推進翼部位完成的模樣。儘管有必要進行加工和黏合，但作業量並不多，不用多少時間就能完成了。由於新增了新安州背部可動式推進器的份，因此比夜鶯原有的平衡推進翼更長、更大，得以讓新吉翁克形態與夜鶯形態都呈現更具魄力的輪廓。

▲直接裝上平衡推進翼的話，又會被新吉翁克的外裝零件卡住，導致無法向上抬起。因此要如上方照片中所示，把外裝零件背面會卡住的部分給剪掉。這樣一來，平衡推進翼就能向上抬起，呈現更具魄力的輪廓。修剪處是幾乎不會被看到的地方，就算像這樣留個缺口也不成問題。

▲黏合了夜鶯的平衡推進翼之後，護盾會被卡住，導致無法掛載在手上，因此就把連接護盾用的卡榫給剪掉吧。進行拼裝製作導致卡榫失去必要性的狀況其實並不罕見，要是保留下來會損及外形美觀的話，那麼最好是修剪掉。從作業面來說，也只要像剪掉較粗的注料口一樣，一下子就能解決了。

▲新吉翁克的部分加工完成後，接著是處理夜鶯的部分。為了讓夜鶯的前裙甲能組裝得更為密合，因此將腰部前後顛倒，把相對地較為平坦、欠缺凸出造型的背面當作正面使用。再來是在這個部位上用3mm手鑽挖出孔洞，以便用來連接前裙甲零件。

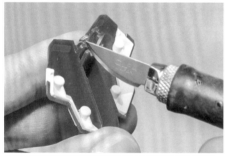 

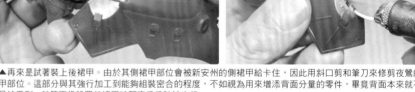

▲原本前裙甲用來組裝到CROSS SILHOUETTE骨架上的卡榫結構為方柱狀。在此用筆刀將它削圓，以便插進3mm組裝槽裡。要是削掉太多的話，一旦施力過度就會把這裡給折斷，因此必須視零件的實際狀況逐步進行切削、微調。

▲再來是試著裝上後裙甲。由於其側裙甲部位會被新安州的側裙甲給卡住，因此用斜口剪和筆刀來修剪夜鶯的側裙甲部位。這部分與其強行加工到能夠組裝密合的程度，不如視為用來增添背面分量的零件，畢竟背面本來就不太容易被看到，就算不像設置前裙甲時那麼斤斤計較也行。

▲對後裙甲加工，用3mm手鑽在上方照片中位置鑽孔，以便設置拿CROSS SILHOUETTE廢棄KPS框架剪裁出的3mm軸棒，作為與主體相連接之用。用廢棄框架來連接軸棒時，與其使用一般的聚苯乙烯樹脂（PS）材質，不如選用抗磨損性較高，更適合作為關節的KPS或ABS材質，這樣在機構與可動都能將破損的可能性降到最低。

▲在新安州的腰部中央裝甲上鑽挖出連接後裙甲用的3mm孔洞。由於該處的下側尚有其他零件，直接鑽挖的話會被內側組裝槽給卡住，導致難以順利鑽挖開孔，因此要先將腰部中央裝甲零件用TAMIYA模型膠水牢靠地黏合住，等乾燥後再進行作業，這樣才能流暢地鑽挖開孔。

▲加工完畢的腰部區塊。將新安州的腰部前後顛倒，再經由鑽挖開孔讓連接軸棒能插入該處加以固定。儘管拆下裙甲零件後，孔洞會整個暴露在外，但新吉翁克形態時本來就幾乎看不見這處，因此完全不成問題。想要設置外裝零件裝卸機能，就從最簡潔的「3mm孔洞×廢棄框架」開始學起，這也是最簡單易懂的技巧呢。

▶光明夜鶯加工完畢的狀態。原本用雙面膠帶暫且固定的零件都牢靠地黏合住了，還延長了平衡推進翼部位，造就了更具魄力的輪廓。而且隨著加上了袖章，亦賦予了「假如新安州運用了夜鶯的技術加以強化後會是什麼模樣」這個設定，形成了十分有意思的搭配呢。

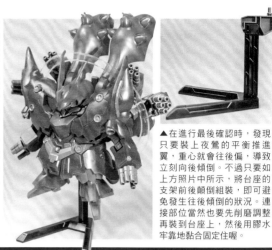

▶最後是裝上新吉翁克組件，對機構面進行收尾的確認。平衡推進翼本身很重，導致容易往下垂，得為平衡推進翼基座的軸棒、軟膠球形組裝槽塗佈高強度型瞬間膠，以便將關節調整得稍微緊一點。在這個階段光是擺著欣賞就覺得很滿意了，但這樣也會在不知不覺間就擱著不動了，因此得盡快拆解開來進入塗裝階段才行。

▲在進行最後確認時，發現只要裝上夜鶯的平衡推進翼，重心就會往後偏，導致立刻向後傾倒。不過只要如上方照片中所示，將台座的支架前後顛倒組裝，即可避免發生往後傾倒的狀況。連接部位當然也要先削磨調整再裝到台座上，然後用膠水牢靠地黏合固定住喔。

04 試著輕鬆地為BB戰士施加塗裝吧

▲新吉翁克是一款不少地方得分色塗裝的套件。即使採用保留成形色的簡易製作法，也得化个少時間噴塗消光透明漆等作業上，因此這次要試著搭配貼紙，僅進行最低限度的局部塗裝和入墨線，用最簡便的方式來完成。首先從入墨線著手。這部分是拿鋼彈麥克筆入墨線用的黑色來沿著細部結構處進行描繪。

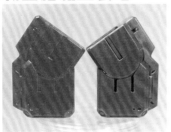

▲入墨線完畢的狀態。相較於使用擬真質感麥克筆或壓克力水性漆來入黑線的效果，墨線確實得稍微粗了一點，但對於細部結構數量實在很多的SD來說，還是這樣做比較能既迅速又有效率地入墨線。

▲以SD鋼彈的模型來說，不僅零件總數比一般體型的少，在尺寸上也縮小了許多，使得細部結構的交界線也相對地模糊。但細部結構的分界線也相對地模糊起見，必須自行雕刻得更為清晰分明些，這類得額外花費的功夫可不少。因此鋼彈麥克筆入墨線用在這方面同樣能有所發揮。而且它用起來就像代針筆一樣，就算是在沒有設置細部結構的地方，只要描繪過去，即可營造出如同刻線般的表現。儘管在沒有模板之類輔助工具的情況下，想要劃出筆直的線條其實頗有難度，不過只要底色本身就是成形色，那麼趁著乾燥前用指尖或面紙就能擦拭掉，棉花棒沾取Mr.COLOR溶劑之類硝基系溶劑也能拿來擦拭，可以輕鬆地進行修正呢。

▲想要為新安州的袖章部位分色塗裝會相當困難，在此選用貼紙來處理。鋼彈模型的配色貼紙，要是選用末端剝尖的鑷子來夾取這類大面積貼紙，那麼很可能會誤傷到表面，導致露出印刷底下的白紙部分。為了避免傷到水貼紙，水貼紙鑷子這款工具把末端製作成面積較大的模樣，因此同樣能避免誤傷到鋼彈模型的貼紙，相當推薦用這款工具來進行貼紙的黏貼作業。

▲謹慎決定位置後，就將貼紙給黏貼至定位。不過，想要將BB戰士的貼紙一舉黏貼得既美觀又密合，就算是職業模型師也很難辦到。為了確保能夠貼合黏貼於轉折處或曲面上，貼紙本身也有事先裁切出多處刀口，因此也不妨自行將貼紙分割為許多片，藉由讓貼紙的形狀更為單純，確保易於黏貼成功。

▲貼紙黏貼完畢後，用牙籤沿著細部結構邊緣輕輕地按壓，確保該處能黏貼密合。紙製貼紙本身具有一定程度的彈性，以這點程度的凹凸起伏來說，只要能黏貼密合，即可營造出更具立體感的效果。若是覺得自己不管怎麼按壓都會傷到貼紙的話，不妨事先將牙籤末端用砂紙打磨得圓鈍些，這樣就比較不會按壓失敗了。

▲新吉翁克的散熱口部位原本應為白色，但為了配合新安州的袖章等部位，在此要試著塗裝成具有豪華感的金色。SD套件通常具有多種機構，用手觸碰到的機會其實不少，基於避免漆膜剝落的考量，這次選用漆膜較堅韌的硝基漆透過筆塗方式進行局部塗裝。儘管選用了較為亮麗的gaianotes製星光金來塗裝，但硝基漆本身的研展性並不算好，並不適合拿來筆塗。因此得加入適量的Mr.模型漆緩乾劑來使用。緩乾劑正如字面上所示，是一種能延緩塗料乾速度的溶液，加入後不僅能延緩塗料的乾燥時間，還能提高研展性，就算是拿硝基漆來筆塗也會變得好用許多。附帶一提，要是加入太多的話，塗料等再久都不會乾燥，請務必留意別添加過量囉！

▲散熱口內側就改用水性HOBBY COLOR的消光黑來塗裝。塗出界處只要用沾取了魔術靈的棉花棒來擦拭，即可輕鬆地修正完成。當然，相較於一開始就將內側給美觀地塗滿，不如先稍微刻意地塗出界，再經由擦拭的方式予以修正，這樣的分色塗裝成果會顯得更俐落。

▲新吉翁克腹部處圓形結構就用鋼彈麥克筆的鋼彈金屬綠來分色塗裝，詮釋成單眼風格。鋼彈麥克筆的金屬漆不僅很亮麗，發色效果也非常好，是很優秀的塗料。如果先經由按壓住筆尖取出一些塗料，再拿來筆塗，那麼亦可用來為細部分色塗裝。這樣一來即可輕鬆地為作品添加閃耀亮麗的色彩囉。

▲最後用CITADEL漆的機械神教標準灰來為關節處分色塗裝。這種塗料的遮蓋力很強，就算塗在紅色的成形色上，亦能一下展現出良好的發色效果。不僅能用水稀釋，也沒有刺激性味道，更不容易留下筆痕，而且就算採取未事先處理成消光質感的簡易製作法，粗糙處在塗裝後也不會醒目。由於這款塗料和關節處的灰色成形色幾乎沒兩樣，因此塗得毫無不協調感。

▲剛從瓶裡取出的塗料得稍微加點水，稀釋為幾乎會積漆垂流的濃度，再拿來筆塗上色。若是塗出界的幅度並不大，那麼用筆刀的刀尖刮掉即可。假如塗出界的範圍很大，其實也只要拿沾取了魔術靈的棉花棒來擦拭掉就好。

▲分色塗裝完成的狀態。入墨線時就和其他部位一樣，拿鋼彈麥克筆入墨線用的黑色來描繪即可。BB戰士需要分色塗裝的地方相當多，若是想紮實地塗裝上色，那麼就算是採取保留成形色的簡易製作法，也得花費上不少時間。因此最好盡可能地提高作業效率，在不至於讓自己感到疲憊的狀況下開心地製作完成。

▶這是裝上疾風推進器來取代雙腳的面貌。

▲這是裝上了腦波傳導片光輪的狀態。這件範例並未經由噴塗TOPCOAT處理成消光質感，而是採取保留成形色並施加局部塗裝的方式來製作完成。

▲這是卸下肩甲和腳部，同時配備了光束步槍、火箭砲，以及護盾的高機動模式。由於BB戰士本身就有諸多可供替換組裝的機構，因此能輕鬆地做出只屬於自己的原創形態呢。

FRONT

SIDE

REAR

◀核心組件為原創的光明夜鶯。雖然藍本是屬於擬真頭身比例的範例，不過這次倒是輕鬆地詮釋成了SD體型。

使用BANDAI SPIRITS 塑膠套件
"SD鋼彈BB戰士" 新吉翁克＋
"SD鋼彈CROSS SILHOUETTE" 夜鶯

　　夜鶯和吉翁克等大魔王套件不僅尺寸大，組裝起來也很有滿足感！完成時的震撼力也十分超群出眾，適合拿來拼裝製作的零件也很多，可說是絕佳的套件，不過呢……價格上可不是說想拿來拼一番就能買得下手的，一般人看了肯定會猶豫再三。再加上尺寸真的很大，該如何騰出擺設空間也是令人煩惱的問題之一。可是，讓大魔王能合為一體，肯定是大家都有的夢想吧～而能輕鬆地實現這個夢想的，正是SD鋼彈系的鋼彈模型。以HG來說，新吉翁克和典多洛比姆這類超大型MA買起來就跟家電沒兩樣，但若是SD的話，買起來就沒什麼壓力，詮釋成SD體型的模樣也很容易拿來與其他套件拼裝製作一番呢！希望各位也能用這種方式實現，在資金面上很難辦到的「夢幻拼裝製作」喔♪

林哲平的妄想設定
若是在『機動戰士鋼彈UC』的最後，新安州強化為帶袖的版夜鶯，亦即「光明夜鶯」，而且還組合為有腳的新吉翁克並阻擋在獨角獸鋼彈面前，那麼故事會如何發展呢？這件範例就是基於前述妄想設定製作而成的。附帶一提，光明夜鶯源自作者林哲平在『鋼彈兵器大觀 鋼彈模型LOVE篇』裡所做的原創範例。

一提到拼裝製作，就會想到拿不同的鋼彈模型來搭配組裝一番，但各位可知道，就算是拿同一款鋼彈模型來拼裝其實也行喔？既然是同一款鋼彈模型，那麼成形色、軟膠零件、可動軸等各方面肯定也都完全相同，拿來拼裝製作的契合度自然不在話下。因此本次的主題訂定為「使用同一款套件拼裝製作」。這次要動用2份有如AFV模型，以具備了寫實風格細部結構為魅力所在的1/100鐵人式地上型，試著改裝出能進一步凸顯充滿機械感形象的四足型機體。

BANDAI SPIRITS 1/100 scale plastic kit
TIEREN GROUND TYPE use

使用同款套件拼裝製作
1/100鐵人式地上型 × 1/100鐵人式地上型

01 拿鐵人式來拼裝搭配

◀這就是1/100鐵人式地上型（以下簡稱為鐵人）。這款套件是根據由機械設計師寺岡賢司老師擔綱繪製，追加了用戰車風格細部結構的設定圖稿製作而成，即使是在為數眾多的鋼彈模型中，其宛如比例模型的寫實感也極為超群出眾！儘管價格為3080，並不算高，卻有著大型MG套件等級的大分量，可說是魄力十足！難怪會被譽為低調傑作套件呢。

▲包含腿部護盾和胸部機槍艙蓋等處在內，鐵人有一部分為左右不對稱的設計。就像薩克Ⅱ的護盾和帶刺肩甲一樣，有些零件只設置在其中一側呢。用同一款套件拼裝製作的基礎，就是從試著拿2份這類零件來組裝開始喔。

▲動用2份同樣的鋼彈模型進行拼裝製作吧。成形色、關節構造理所當然地一模一樣，其實無論想怎麼拼裝都很簡單。這次選用了被譽為低調傑作套件的鐵人式地上型作為材料，試著用同一款套件來享受拼裝製作之樂。

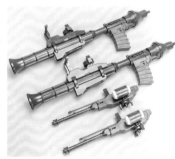

▲這是護盾和機槍艙蓋都裝上了2份的狀態。平時只裝上單側的零件一旦改為兩側都有，即可發揮讓人一目了然「這架機體經過強化呢」的視覺效果。而且受惠於零件出自同一款套件，當然也就無須加工就能輕鬆地替換組裝完成。

▲再來是讓左右手臂都配備武器試試看。鐵人除了附有滑膛砲之外，亦附屬了火箭砲這挺原創武裝。配備2挺同樣的武器，可說是拿2份套件來製作的基本原則呢。

▲這是雙臂都配備了滑膛砲的狀態。想要做成這樣，其實只要把該武器組裝到臂部的武裝掛架上即可。讓雙臂都配備武器後，也就輕易地凸顯出了更具攻擊性的形象。

▲雙手皆拿火箭砲的狀態。該武器的尺寸比滑膛砲更大，看起來有著出類拔萃的魄力。無論是刀械或槍砲，只要讓雙手都持拿大尺寸的武器，即可為鋼彈模型在視覺上營造出驚人的震撼力。

02 試著做成4足型機體吧

▲如同前述，做出了重裝型鐵人。即使這樣就算是完成了也不為過呢，但鐵人可是還剩下了近乎完整無缺的一架。既然如此，乾脆再多花點功夫，思考一下該如何充分地運用2份一樣的套件來享受拼裝製作之樂吧。

▲在各式MS中，鐵人在設計上可說是頗為近似『雷霆任務』的步行機甲（WAP），以及『機戰傭兵』中的AC這類具備複雜線條，充滿濃厚兵器色彩的機器人。因此接下來要試著改造成更貼近這類風格，而且在視覺上有著強烈震撼力的「4足型」機體。

▲首先將下半身直接前後並排在一起。如此便呈現出十足的4足型風格了，不過腰部位置似乎高了點。既然要將鐵人這類具重量感的機器人重新詮釋為4足型，就應該讓整體顯得比雙足型矮一點，這樣在視覺上才會比較有協調感。

▲試著改為將腰部向後轉90度，呈現身體軸棒彼此相向的模樣。這樣一來就呈現了頗具重量感時應有的風格了。當不曉得該如何把機器人詮釋成4足型才好的時候，只要先組成這樣的架構，應該就能整合得頗具穩定感了。

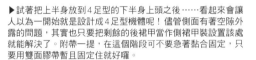

▶試著把上半身放到4足型的下半身上頭之後……看起來會讓人以為一開始就是設計成4足型機體呢！儘管側面有著空隙外露的問題，其實也只要把剩餘的後裙甲當作側裙甲裝設置該處就能解決了。附帶一提，在這個階段可不要急著黏合固定，只要用雙面膠帶暫且固定住就好囉。

▲接著是配備武器。設置在雙臂處武裝掛架上是不可或缺的，但也要試著裝設各種零件看看效果。難得有了4份武器可用，乾脆把剩下的武器裝設在背部製作成加農型機體風格吧。

▲▶想將加農砲風格的武器裝設在背部，顯然需要有武裝掛架。在此選用剩餘的手臂來發揮這個功能。如上方照片所示地彎曲手臂後，再用雙面膠帶暫且固定在背包上，雙肩加農砲就完成了。看起來有著類拔萃的魄力，但為了遷就武裝掛架的位置，導致火箭砲前短後長，看起來頗不均衡呢。

▶試著交換武器，改為雙手都持拿火箭砲，將滑膛砲作為加農砲使用的架構。隨著將龐大的火箭砲設置在前側，該武器外露的面積也增加了，呈現出了更具魄力的面貌。由此可知，就算只是稍微改變武器的位置，亦能令整體給人的印象產生大幅變化。

▲目前腰部區塊中央呈現骨架外露的狀態。這樣一來會顯得不夠美觀，是否有什麼零件能派上用場呢？找了一下之後，發現把剩下的肩部護甲裝在那裡剛剛好。正面原本就很容易成為攻擊目標，屬於需要設置重裝甲的部位，因此採用現在這種架構其實十分合理。

▶零件設置完成的狀態。有著充滿機械感的4足型設計，還配備了4挺重武裝，更有著在正面集中設置護盾的重裝甲。這種搭配方式可說是在充分發揮了鐵人本身的重量感之餘，亦結合了現用戰車的形象並提升至更高層次呢。

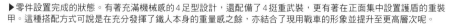

▲將原本用雙面膠帶暫時固定住的地方拆開來，開始製作屬於改造關鍵所在的腰部區塊吧。首先是將已經沒必要的後裙甲連接用卡榫給削掉。拿初步修剪用斜口剪把卡榫剪斷至某個程度後，再用筆刀將剩餘的部分削掉，並且將該處切削平整。想要削掉這類位於平面中間的凸起部分時，只要拿OLFA製專家級美工用筆刀搭配曲刃刀片來處理，即可在不損及周圍的情況下將該處削掉。

▲削掉卡榫後的狀態。以採取簡易製作法搭配舊化的做法來說，這裡到了最後階段時根本就看不出原貌為何，因此就算表面仍有些許凹凸起伏，或是塑膠受到負荷而變白也都用不著在意。當然也沒必要去打磨修整。

▲接著是製作連接側裙甲用的軸棒。儘管只是用打樁方式在腰部這裡設置軸棒，但一舉用手鑽挖出開口會很容易鑽歪，因此要先用筆刀的刀尖鑿出參考孔，讓鑽頭能對準該處進行鑽挖。

  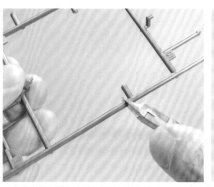

▲用手鑽來挖出3mm孔洞。不過想一舉挖出3mm孔洞的話，不僅容易鑽歪，還可能導致周圍的塑膠破裂，因此要依序用1mm→1.5mm→2mm→2.5mm→3mm的順序逐步擴孔，這正是鑽挖開孔時的訣竅所在。

▲鑽孔完成的狀態。就算稍微有點歪斜，只要挖出了可供裝入軸棒的孔洞就不成問題。其他4處也得按照相同要領鑽挖開孔。

▲拿廢棄框架製作連接後裙甲用的軸棒吧。選用與腰部顏色一樣的框架，然後拿初步修剪用斜口剪從屬於3mm粗的部位剪下一截來。此時用不著講究剪出精確的長度，只要先大致剪一截下來，之後再配合實際零件的需求修剪長度就好。

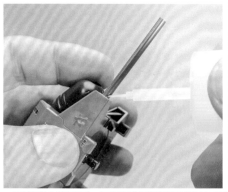 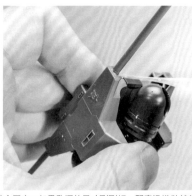 

▲將框架裝入孔洞裡後，用速乾型的流動型模型膠水加以黏合固定。如果孔洞的尺寸剛剛好，那麼這樣做就行了，要是軸棒仍顯得鬆鬆垮垮的，就得進一步拿高強度型瞬間膠經由滲流方式牢靠地黏合固定住。

▲將軸棒修剪成適當的長度後，如上方照片中所示，稍微切削調整裁切面邊緣的末端。這樣一來有助於更順暢地插進軟膠零件裡。

▲連接後裙甲用軸棒完成的狀態。想要為鋼彈模型設置這類連接軸棒時，只要用3mm手鑽＋軸棒的搭配即可。就算手邊沒有塑膠棒也無所謂，畢竟廢棄框架本身就是最容易取得的鋼彈模型改造零件。

▲為左右兩邊裝上後裙甲，構成側裙甲的狀態。能夠毫無問題地連接起來呢。再來就是製作最為重要的身體用連接軸。這方面要以能夠填滿正中央開口的方式來設置連接軸棒。

▲在此也試著充分利用一下套件原有的零件。選用作為軸棒的零件是「C14」。它原本是鐵人身體內部的可動軸棒，卻也與腹部軟膠零件和軸棒的尺寸相同，因此才選擇它作為連接身體用的軸棒。

▲腰部中央在這個階段仍是空蕩蕩的，為了能固定住連接軸棒，因此選用了AB補土來處理。將價格便宜、分量不少、硬化速度也很快的WAVE製輕量型AB補土揉捏均勻後，如上方照片中所示地將零件「C14」埋入其中。

▲將AB補土連同軸棒塞進中央開口裡。接著是謹慎地將軸棒挪動至中心部位。由於在開始硬化前尚有1～2小時的空檔，因此能充分地微調至定位。

▲決定軸棒位置後，就將腹部零件裝到零件「C14」上，然後靜置等候完全硬化。只靠軸棒來確定中心位置的話，有可能會稍微偏開。在裝設腹部零件時也很容易造成軸棒的位置有所偏移，還請特別留意這點。

▲靜置約4小時讓AB補土充分硬化後，即可暫且將腹部零件拆下來。需要盡快進行的作業確實很多，但要是在AB補土還柔軟之際就急著取下腹部零件，那麼很可能會令軸棒的位置有所偏移，還請特別留意這點。

▲將溢出腰部頂面的補土用筆刀削掉。要是置之不管的話，該處在完成後就會卡住腹部零件，導致上半身無法順利轉動。這部分不必削到非常工整美觀的程度，只要大致削平即可，用不著過於講究。

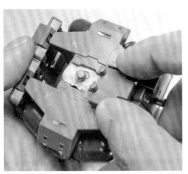

▲儘管完成了軸棒連接機構，但側裙甲與軸棒之間的空隙也頗令人在意。再來就試著把這兩處也填滿吧。在嘗試過各式各樣的搭配方式後，決定從剩下的另一份鐵人上取用零件「C7」和「C8」裝在這裡。

▲按照零件原樣是無法塞進該空間裡的，必須拿初步修剪用斜口剪把卡住的部分剪掉。但若急著剪乾淨的話，反而會留下很大的空隙，因此要比對實際零件的狀況，一邊進行修剪。

▲最後是拿高黏稠度型聚苯乙烯用模型膠水來黏合固定住。這樣一來就解決了留有開口的問題。這裡在完成之後也幾乎都會被遮擋住，因此做個大概就好。

▲軸棒的另一側，也就是腰部區塊底面同樣留有很大的開口，因此亦從另一份鐵人上移植了零件「C15」來遮擋住該處。這裡也是在完成後就幾乎不會被看到的部分，若是不在意的話，維持原樣也行。

◀左方照片中所示的部位鑽挖出3mm孔洞，作為腰部區塊連接之用。如此只要將護盾用軟膠零件直接塞進該處，即可輕鬆地裝上護盾了。

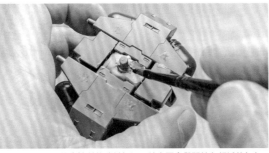

▲最後不管選用什麼性質的塗料都好，總之要拿與關節色相近的灰色來塗裝AB補土部位。儘管這裡完成後就幾乎不會被看到，但光是為AB補土塗上顏色，看起來就會顯得更有整體感。

▲腰部區塊完成。如照片中所示，就算保留了零件成形色，照樣能簡單地施加改造。這種架構方式也能套用在其他鋼彈模型上，若是各位有其他希望詮釋成4足型的MS，那麼請務必要親自多方嘗試看看。

04 製作加農砲的基座

▲接著是製作加農砲的基座。因為無論如何都得黏合固定，所以做起來也很簡單。首先是把上臂外側零件「C13」和「C14」的鉚釘結構用筆刀削掉，藉此增加黏合面積。

▲塗佈高黏稠度型聚苯乙烯用模型膠水，以便黏合固定在背包上。由於是負荷力道的部位，因此一定要充分塗佈模型膠水，確保牢靠地黏合固定。

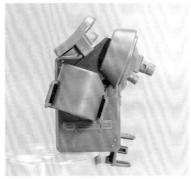

▲將上臂零件黏合在照片中所示位置。由於用不著肩部和手掌，因此拆掉這些零件。靜置約1小時後，就不會輕易地偏離位置，為了慎重起見，最好是靜置1天左右等待乾燥會比較保險。

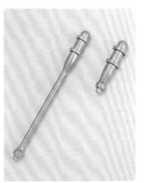

▲若按照原樣組裝背包上的天線，那麼肯定會卡住加農砲，因此將軸棒部位削掉，僅黏合固定剩下的頂端部位，像徵收起天線的狀態。

05 整合成消光質感與舊化

▲等到腰部和背包都製作完畢後，就為整體噴塗特製消光 TOPCOAT，以便進行舊化。這次是以『週末動手做 鋼彈模型完美組裝妙招集 ～鋼彈簡單收尾技巧推薦～ HG篇』（暫譯）中「德姆試作實驗機」的多重舊化為基礎，添加與『週末動手做鋼彈模型完美組裝妙招集 ～鋼彈簡單收尾技巧推薦～』收錄作品薩克加農相仿的掉漆痕跡與土漬。

▲如同前述，鐵人這款套件的魅力，正在於具備了宛如最新現用戰車般的AFV模型風格細部結構。因此最後要用鉛筆來摩擦稜邊部位，試著賦予金屬表現。鉛粉所散發出的鈍重光澤感，就宛如用鋼鐵打造的真正戰車般，醞釀出了十足的重量感呢。

▲將潛望鏡和各部位孔洞等處用擬真質感灰色1塗滿顏色後，就能輕鬆地塗裝成有如裡頭漆黑一片的孔洞了。只要底色為消光狀，那麼用擬真質感麥克筆塗裝後也會呈現消光質感，因此可說是相當適合用來把散熱口和溝槽內側給塗黑的麥克筆呢。

使用 BANDAI SPIRITS
1/100比例 塑膠套件
鐵人式地上型

拼裝製作向來給人需要使用各式各樣鋼彈模型來搭配一番的印象，但其實拿2份同樣的套件來拼裝搭配也很適合。畢竟無論是在成形色、軟膠零件、可動性，以及構造等各方面都是相同的。就算只是做成左右手持拿相同武器的雙槍形態，或者把原本左右不對稱的零件製作成左右相同，也都是十足的改裝。而且最重要的，就是有著成形色相同這個優點，對於不需要塗裝的簡易製作法來說有著絕佳契合性，可說是最適合初學者向拼裝製作挑戰的技法。雖然這次是以鐵人為基礎製作成4足型機體，不過視拼裝搭配的方式而定，就算要做成有著4條手臂的模樣也行，若是拿3份、4份套件來搭配組裝的話，那麼能夠表現的範圍也會更為多樣化。附帶一提，這款1/100比例鐵人本身製作得十分精湛，筆者個人認為它這是所有鋼彈模型中最適合施加舊化，是超值得推薦的套件！即使不做成4足型也無妨，還請各位務必要親自製作看看喔♪

▶雖然4足型機體往往會給人笨重遲鈍的印象，但有著4條腿就不容易傾倒，而且無須裝設在可動展示架上就能擺出深具動感的格鬥架勢呢。

FRONT

SIDE

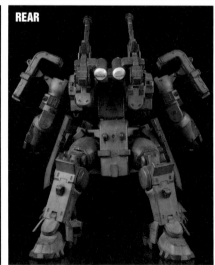

REAR

林哲平的妄想設定

受到具備重裝甲與上重下輕的體型所拖累，鐵人式在嚴重崎嶇不平的地面和山岳地帶行進時很容易摔倒，導致造成重大損失。因此提出了藉由改裝為4足型來提高穩定性的方案並打造了試作機，然而一切有如白忙一場，隨著零件總數增加，故障的情況也頻頻發生……這件範例就是基於前述妄想設定製作而成的。作品本身是以舊蘇聯時代的戰車為藍本，在殘留些許光澤感之餘，亦運用鉛筆等材料營造出能凸顯重量感的風貌。

在1980年代後期～1990年代初期這段期間，出自近藤和久老師詮釋的「近藤版MS」，憑藉著獨創世界觀和軍武風格而風靡一時。受惠於其壓倒性的存在感，即使時至今日也仍深受諸多玩家喜愛。在此要以「近藤版拼裝製作」為主題，經由拿1/100和1/144的相異比例鋼彈模型來拼裝搭配，試著簡單地重現近藤版MS特有的體型。

BANDAI SPIRITS 1/100 scale plastic kit
"Master Grade"GEARA DOGA＋
"High Grade UNIVERSAL CENTURY"
GEARA DOGA use

近藤版風格拼裝製作
MG版基拉・德卡 ✕
HG版基拉・德卡

01 試著拿相異比例的鋼彈模型來拼裝搭配吧

◀這是HG版基拉・德卡和MG版基拉・德卡。這次要試著為1/144比例鋼彈模型裝設1/100的零件，藉此改裝出既有魄力又深具軍武氣息為魅力所在的近藤版MS風格作品。

▲▶這是1/144和1/100的光束機關槍。儘管是同一種武器，但隨著比例不同，差異竟這麼大。HG版基拉・德卡本身是製作得很不錯的套件，就算只是普通地持拿武器，也已經有著深具整體感的動畫造型……

▶試著改為持拿1/100的光束機關槍吧。儘管是同一種武器，但隨著比例相異，呈現的魄力也截然不同。不管是哪種鋼彈模型，光是武器尺寸越大，看起來也就顯得越強。1/100的武器無法直接持拿住，在這個階段只是用雙面膠帶暫時固定住而已。

▲為了保護在地面上行動時最為重要的腿部，因此近藤版MS把前裙甲畫得特別大。拿1/144和1/100的零件相比較後，兩者的尺寸差距可說是一目了然。

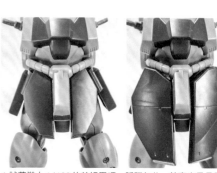

▲試著裝上1/100的前裙甲吧。話雖如此，其實也只是用雙面膠把1/100的零件黏貼在1/144前裙甲上罷了。由照片中可知，不僅大腿被整個遮擋住，長度甚至達到了膝裝甲處噴射口所在的地方。就算不更動其他部位，光是把前裙甲換成比例更大一號的零件，看起來就頗具近藤版MS的風格。

▲一般來說，推進背包也是「越大就越具魄力」的部位。由於MG版基拉‧德卡有著比HG版套件更為粗獷的體型，因此推進背包的尺寸整個大了兩號。

▲將1/100的推進背包用雙面膠帶暫且固定住。從背面來看，頭部整個被遮擋住了，由此可見這個推進背包的分量有多大。就算從正面來看，它露出來的面積也很大，以這種尺寸大到超出主體輪廓的推進背包來說，顯然能賦予頗大的魄力。由於看起來就像是背著大量行囊的士兵，因此大尺寸的推進背包與近藤版MS可說是絕配呢。

▶若是想營造出魄力，不可或缺的部位就屬肩甲了。以人類來說，肩甲越大就相當於三角肌越大越發達，因此能輕鬆地呈現出壯碩有力的逆三角形體型。另外，肩甲越大，頭部也會相對地顯得越小，如此便能更貼近多半會把頭部畫得較小的近藤版MS造型。

◀提到近藤版MS，肯定不能少了模仿第二次世界大戰時期攜帶式反戰車兵器「鐵拳」而成的MS用武器「鐵拳火箭彈」。以1/100的來說，顯然會更接近人類士兵所持拿的尺寸，因此能夠進一步提升屬於軍武風格的寫實感。

▶零件架構搭配完成的狀態。隨著為龐大武器搭配了大尺寸前裙甲，加上採用了大尺寸的推進背包的肩甲，呈現了壯碩的逆三角形體型。附帶一提，由於護盾並不符合筆者的個人喜好，因此這次也就沒配備了。

02 將零件黏合起來吧

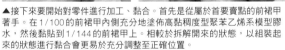

▲接下來要開始對零件進行加工、黏合。首先是從屬於首要賣點的前裙甲著手。在1/100的前裙甲內側充分地塗佈高黏稠度型聚苯乙烯系模型膠水，然後黏貼到1/144的前裙甲上。相較於拆解開來的狀態，以組裝起來的狀態進行黏合會更易於充分調整至正確位置。

▲把1/100前裙甲黏合到1/144上後的狀態。這部分並非只是純粹地套在上面，而是要讓1/144的球形關節部位稍微往上凸出，才是最佳的黏合位置。由於膠水需要一段時間才會乾燥，立刻就觸碰會很容易令黏合位置產生偏移，因此至少要靜置約1天等候乾燥，才能進行塗裝作業。

▲想要讓1/144比例手掌零件持拿1/100的武器時，立刻就會遇到握把過大，導致無法持拿的問題。為了能穩定地持拿住這挺武器，加上連同強度方面的考量，因此決定移植1/144的握把部位。

▶從1/144的武器上將握把部位給剪裁出來。拿初步修剪用斜口剪大致剪下該部位後，用筆刀修整形狀。由於還得考慮到完成後的強度，因此可別切削過頭了。

▶這是裁切出來的握把部位。重點並非純粹地裁切出握把，而是要連同周圍的構造一起裁切出來。只裁切出握把的話，黏合確實比較省事，但這樣就算搭配金屬線打樁，強度也會有所不足，導致容易脫落。

▲在1/100比例武器上製作出可供裝設握把的開口。這部分是先將1/100的握把一帶削掉，再用筆刀削出可供裝設1/144比例握把的方形開口。

▲裝設握把部位時的剖面圖。如照片中所示，隨著將握把部位裝進內側，可供黏合的面積也增加了，藉此得以提高完成後的強度。

◀黏合時一定要以讓1/144比例手掌充分握持住的狀態靜置等候乾燥。要是沒裝上手掌零件的話，可能會誤將握把部位裝得過深，導致之後無從持拿武器。

▲在維持原樣的情況下，1/144的手掌也無法持拿鐵拳火箭彈。因此要先用筆刀切削調整手掌內側，以便騰出可供持拿的空間。

▲光是把內側的凸起結構削掉也還是無從持拿，必須連指頭內側和掌心也一併調整。但削過頭也會導致握不穩，因此要採取稍微削過就試著持拿的方式反覆進行調整。

▲持拿鐵拳火箭彈之後，屬於近藤版MS的味道就一舉變得濃厚許多。附帶一提，基拉‧德卡原本就是把鐵拳火箭彈列為基本裝備的MS，因此這柄武器是一定要持拿的重點所在。

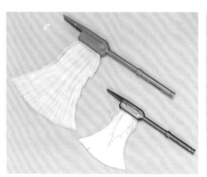

▲1/144和1/100的光束劍斧在尺寸上也有著很大的差異，光是配備這柄武器就能散發出震撼力，那當然一定要更換囉。由於柄部的粗細和鐵拳火箭彈一樣，因此只要按照先前的要領切削調整手掌內側即可。附帶一提，考量到之後會施加顯得較暗沉的舊化，要是光束部位透明零件維持原樣的話，看起來會有點格格不入，最好是連同主體一併處理成消光質感，讓它的光澤不會太鮮明，呈現較沉穩的光束效果，這樣一來也能與主體營造出一致感。

▲腰部武器掛架要是維持原樣，就無法掛載光束劍斧的柄部了，因此將該處換成1/100的零件吧。更換方法也很簡單，只要把連接用卡榫削掉，然後黏合固定住就好。

▲將武裝掛架更換為1/100比例零件後的狀態。這樣一來即可掛載1/100比例光束劍斧的柄部了。附帶一提，由於鐵拳火箭彈的柄部粗細也相同，因此亦可將鐵拳火箭彈掛載在該處，這樣看起來會更具軍武氣息喔。

▲▶考量推進背包重量，必須為背部和推進背包塗佈高黏稠度型聚苯乙烯系模型膠水，確保牢靠地黏合。由於欠缺可供比對位置的結構，必須從正面來看也毫無歪斜為前提，謹慎調整黏合位置。黏合後為了保險起見，採取躺著的形式靜置約1天等候完全乾燥。

▲接著是裝設肩甲部位。由於帶刺肩甲的軟膠零件直徑相同，因此無須加工就能裝設上去，但這樣一來會導致肩關節軸棒的長度不足，使得手臂無從組裝到身體上。

▲為了解決這點，在此要利用1/144比例肩甲的連接構造，改為將1/100比例肩甲套在1/144的零件上。首先是直接套上去試試看，結果發現會被表面的各種結構卡住，根本無法直接套上去。

▲為了讓1/144比例肩甲的連接構造能裝進其中，拿初步修剪用斜口剪把多餘的部分都剪掉。由於是完成後根本看不見的部分，因此不用在意美觀與否也無所謂。

▲僅將連接部位裁切出來的狀態。這部分也是得一邊比對是否能裝進1/100的肩甲裡，一邊切削調整成合適的尺寸。

▲設有帶刺護盾的右肩甲也得進行相同作業。在裁切出肩甲的連接部位時，若是對這類作業沒什麼把握的話，那麼就像照片中一樣，採取把零件裝在手臂上的方式進行作業，這樣會比較易於掌握尺寸。

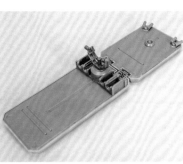

▲將連接部位裁切出來後，就把它們黏合固定在 1/100 的肩甲內側。用高黏稠度型聚苯乙烯系模型膠水黏合固定後，還要進一步從縫隙處滲流高強度型瞬間膠，確保能牢靠地固定住。若是覺得難以順利決定位置的話，改用 AB 補土來固定也是個方法。

▲儘管基於筆者個人喜好而沒有配備護盾，不過對 MG 版護盾的連接部位來說，HG 版護盾掛架零件的尺寸剛剛好，無須加工即可裝設。但這面護盾其實太大，會導致手臂往下垂，還會令身體容易往左邊傾。因此若是想配備這面護盾的話，一定要謹慎地調整重心確保平衡。

▼零件加工結束，全部組裝起來的狀態。儘管 1/144 和 1/100 在成形色方面略有差異，但就算維持現狀也毫無不協調感。雖然接下來還要施加舊化，不過即使做到這個階段就視為已完成也無妨。

03 試著在保留成形色的情況下添加鑄造表現吧

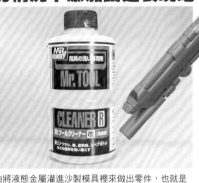

▲在製造真正的戰車時，砲塔等部位其實是經由將液態金屬灌進沙製模具裡來做出零件，也就是組裝了鑄造而成的零件。在鑄造零件的表面上，會有著沙製模具造成的獨特凹凸起伏痕跡，這也是近藤版 MS 不可或缺的表現之一。一般來說會利用補土來做出這類表現，但經過這類加工後就一定要塗裝才行，也就是無法施加在保留成形色的簡易製作法上。因此這次要利用工具清洗專用劑這款溶液，試著在保留成形色之餘，亦輕鬆地添加鑄造表現。

▲先為表面塗佈工具清洗專用劑。在工具清洗專用劑中，有著較多清洗噴筆用硝基系溶劑的溶劑成分，因此能溶解塑膠的表面。該成分有害人體健康，使用時一定要戴著口罩，並且確保工作環境維持通風良好。

▲等表面溶解後，就用鋼刷拍打表面。隨著金屬刷拍打在遭到溶解的塑膠上，表面也會變得凹凸起伏。這樣做之後，表面多少會產生一些毛邊，溶解掉的塑膠在凝固後會變成渣狀，但用不著在意，儘管進行作業就好。

▲最後是在表面抹上極少量的工具清洗專用劑。這樣一來，毛邊和凝固的渣就會被溶解，然後與表面融為一體，呈現相當自然的模樣。

▲施加鑄造表現後的模樣。成功地重現了獨特的凹凸起伏痕跡。施加舊化之後，這些凹凸痕跡會顯得更醒目，使表面產生變化。附帶一提，鑄造是用來做出圓潤曲面的技術，要是套用在直線構成的平面上，那麼反而會顯得很假，因此一定要留意添加在什麼樣的部位上。

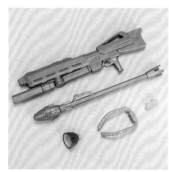

▲以 1980 年代後半～1990 年代初期的近藤版 MS 範例來說，武器、噴射口、動力管多半是整個塗黑的，這也是著眼於營造出能降低目識辨認性的軍武風格所致。話雖如此，現今只要拿 Mr. 細緻黑色底漆補土 1500 來塗裝，即可充分呈現屬於近藤版的氣氛了。

▲製作完畢後，噴塗特製消光 TOPCOAT 作為添加舊化用的底漆，同時將整體處理成消光質感。噴塗前先將罐身搖晃約 100 次，確保塗料能充分攪拌均勻，為避免產生白化，一定要挑晴朗且空氣乾燥的日子進行噴塗。

▲最後是施加舊化。這方面是比照『週末動手做 鋼彈模型完美組裝妙招集 ～鋼彈簡單收尾技巧推薦～ HG 篇』（暫譯）中使用在 HG 版德姆試作實驗機上的技法來添加汙漬，詳情請參考該書籍。

使用 BANDAI SPIRITS
1/100 比例 塑膠套件
"MG" 基拉‧德卡＋
1/144 比例 塑膠套件
"HGUC" 基拉‧德卡

在1980年代後期至1990年代初期的鋼彈模型風潮中，近藤和久老師筆下的「近藤版MS」可說是風靡一時。有著龐大裙甲加上矮胖身軀的體型，搭配防磁塗層、鑄造表現等充滿第二次世界大戰時期血腥味與硝煙氣息的兵器感，使得MS重獲新生，至今也仍深受諸多玩家熱愛。近藤版MS不僅在套件方面只有以前的樹脂套件（GK），即使時至今日也僅能用鋼彈模型改造出來。或許乍看之下必須要有很高強的技術才製作得出來，但實際上只要把1/100的零件移植到1/144套件上，即可輕鬆地做出有那麼一回事的成果。既然是相同的MS，那麼成形色應該也幾乎一模一樣，看起來不會有不協調感，就算不塗裝也能輕鬆地享受到近藤版世界的樂趣。儘管這次是以基拉‧德卡為題材，不過對於已經有著1/144和1/100套件的薩克Ⅱ、德姆、古夫等吉翁系MS來說，這是能夠套用在任何機體上的製作手法。還請各位以這次的圖解製作指南為參考，試著做出只屬於自己的近藤版MS喔♪

林哲平的妄想設定

U.C.0093年，為了響應新吉翁軍在太空中展開的行動，地球各地的吉翁殘黨都獲得分發了基拉‧德卡。為了避免對於在地面上進行作戰之際最為重要的腿部中彈，因此施加了延長裙甲部位的前線改裝。考量到護盾在重力環境下實在是顯得過重，有諸多機體也就不配備護盾，改為用手持方式攜帶鐵拳火箭彈……這件範例就是基於前述妄想設定製作而成的。

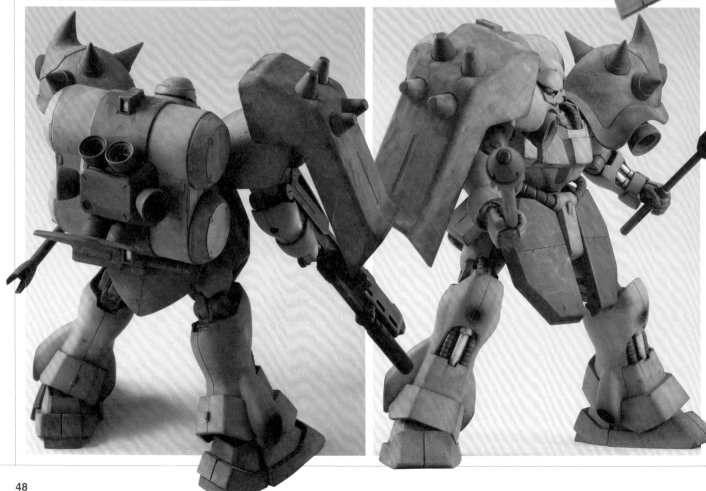

REAR

SIDE

FRONT

▲隨著為帶刺護盾、肩甲、胸部裝甲添加了鑄造表現，為表面施加舊化時所產生的變化也更大了。在這件範例中為胸部裝甲、雙肩裝甲、帶刺護盾、頭盔後側，以及靴子部位都加了鑄造表現。

▶各部位油壓桿是用4 ARTIST MARKER這款麥克筆的銀色和金色施加分色塗裝，還進一步用擬真質感麥克筆的擬真質感灰色1塗佈之後，再用神筆來擦拭，藉此表現油漬痕跡。

IF拼裝製作
HG版神鋼彈 × HG版飛翼鋼彈

BANDAI SPIRITS 1/144 scale plastic kit
"High Grade FUTURE CENTURY" G GUNDAM
+"High Grade AFTER COLONY" WING GUNDAM use

即使是出自世界觀相異的作品，只要
造型是出自同一位機械設計師之手，
那麼MS彼此之間就有有著很強的關連
性。在此要以「IF拼裝製作」為主題，
藉由拿HG版神鋼彈和HG版飛翼鋼彈
來拼裝搭配一番，試著製作出或許真有
可能存在的「可變形神鋼彈」。

01 試著從決定構圖著手吧

▲這兩者就是神鋼彈與飛翼鋼彈。儘管登場的作品不同，但神鋼彈的初期設計方案之一，就是採用了變形機構的設計，而該概念後來由接檔作品的主角機繼承，並且發展成了飛翼鋼彈。因此這次便以「若是真有能夠變形的神鋼彈，那會是什麼模樣呢？」為主題來進行拼裝製作。

◀HG版神鋼彈（以下簡稱神）。就設計來說，肩部機關加農砲、能源增幅器，以及前臂處鉤爪等概念，均套用到後來的飛翼鋼彈上，連小腿背面可掀開的機構，亦由飛翼鋼彈零式繼承。套件除了藍色外，其餘部位的成形色也與飛翼鋼彈相同，這也是易於拿這兩者來拼裝製作的重點。

▶HG版飛翼鋼彈（以下簡稱飛翼）。簡潔的變形機構，套件本身也有近乎完美的零件分色設計，零件總數亦控制在對玩家友善的範圍內，相當易於組裝，在體型與機構面上都具有出色水準的傑作。儘管受限於發售時期不同，導致在關節機構有所差異，但值得慶幸的是，無須改造就能替換組裝的部位也不少。

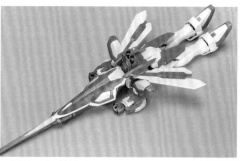

▶變形後的輪廓大致就往這個方向處理，接著要決定MS形態時的模樣。讓手腳能夠像飛翼一樣，靠著前臂處的鉤爪觸地，雙腿則是向上抬起並呈現半彎曲狀態，這是否能讓變形後的模樣顯得比較帥氣呢？根據前述想法更換手腳後，呈現了手腳顯得極為纖細的小個子體型。這是因為神的個頭其實比飛翼大一點所致。看來得再多花些功夫調整才行呢。

▲首先比照飛翼的變形方式，以手臂彎曲、把下半身整個翻轉過來之餘，亦讓雙腿伸直的形式變形看看。由於核心飛車本身就有機翼，飛行形態頗有那麼一回事呢。不過頭部整個暴露在外，導致顯得有點醜，這部分就非得設法解決了。

▲為了把頭部遮擋起來，比照飛翼的變形方式，將飛翼的護盾和破壞步槍裝設在相同位置上試試看……結果如同照片所示，由於成形色相同，因此呈現了毫無不協調感的變形模式。相信用不著贅言描述，乍看之下根本就和飛翼的飛鳥形態沒兩樣呢。既然是出自同一位機械設計師之手，設計的時期也很相近，那麼這兩者搭配配來會十分契合也是很合理的。

▶為了讓護盾在變形時能裝設在背部上，必須使用到飛翼的推進背包才行。於是乾脆改成以神的身體為主，並且裝設飛翼的手腳，結果搭配起來剛剛好！由於這樣一來就會呈現出身體小，但手腳修長的模樣，因此不僅毫無不協調感，看起來還顯得很帥氣呢。受惠於神本身屬於粗壯的格鬥家體型，手腳就算修長了點也不會顯得瘦弱呢。

▲▶本次主題在於「可以變形的神鋼彈」。儘管先前搭配頗帥氣，但為了營造出神的風格，於是將頭部、前裙甲、腰部中央裝甲都換成神的零件。在這個階段還不要黏合固定，為了易於拆解起見，只要用雙面膠帶暫且固定零件就好。此時最令人煩惱的部位就屬肩甲了。該處保留神的零件確實也行，但飛翼往外延伸變尖的零件實在帥氣不了得。由於讓外形尖銳的肩甲呈放射線狀往外延伸，這是一種能讓機器人顯而易見地變得更帥氣的設計，因此這次決定採用飛翼的肩甲。前臂當然保留了神的零件。畢竟要是少了這裡就沒得使用爆熱神掌了，這樣對於塑造神的形象來說會是一大損失。

02 試著經由多方評估變形機構來進行製作吧

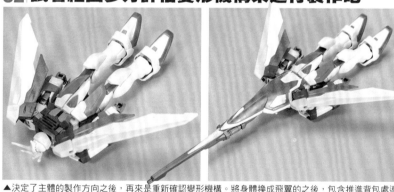

▶儘管在變形過程中會成為弱點，但機首分離為護盾和武器的設計仍舊十分精湛，只是讓身為格鬥機體的神持拿破壞步槍和護盾，這模樣就算是多門或許也會被趕出師門吧（笑）。這樣子確實有其帥氣之處沒錯，不過還是再設想一下該如何搭配出符合神應有形象的變形方式吧。

▲決定了主體的製作方向之後，再來是重新確認變形機構。將身體換成飛翼的之後，包含推進背包處連接部位在內都能直接使用飛翼的機構了，當然也就能經由裝上護盾變形為飛行形態了。但相較於讓前臂彎曲起來的模樣，還是像EW版飛翼一樣讓臂部伸直，這樣在輪廓上會顯得比較有整體感。

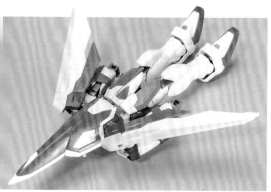

▲為了遮擋住頭部，搭配護盾變形為飛行形態已是不可或缺的要素，但破壞步槍也並非絕對不可少的部分。況且就算沒了破壞步槍，照樣能在著重格鬥機體形象的前提下變形為飛行形態。

▲核心飛車可說是神在造型上的特色之一。就現階段來說，外形顯得過於偏向飛翼，因此試著思考一下該如何運用這部分的零件吧。既然要設想變形後的樣貌，機首部位也就派不上用場了，乾脆先拆掉，然後仔細觀察零件的模樣。如何巧妙地運用原本供機首轉動的軸部會是重點所在。

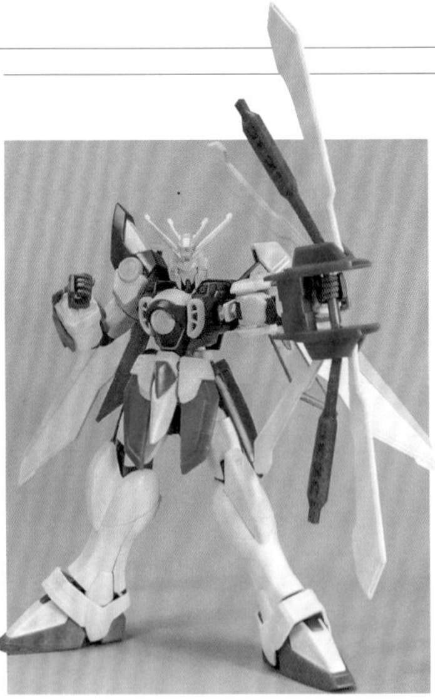

◀試著讓手握持住機首的轉動軸吧……結果核心飛車看起來就像是弓之類的武器呢。由於旭日鋼彈也有配備弓這種武器，因此就同為新日本的機動鬥士來看，這種搭配方式顯然很有說服力呢。

▶核心飛車畢竟沒辦法像弓一樣始終持拿在手中，在未使用時就裝設在背部上吧。這樣一來在配合啟動超絕模式展開機翼時，飛翼和神的機翼零件就都能派上用場了。而且這樣做也讓往外延伸的幅度更勝於原有模樣，呈現出更具震撼力的輪廓。讓神持拿在手上會顯得很不對勁護盾，只要改為掛載在背後就沒那麼奇怪了。基本架構至此也就大致完成，可以將雙面膠帶剝除，進入實際製作的階段了。

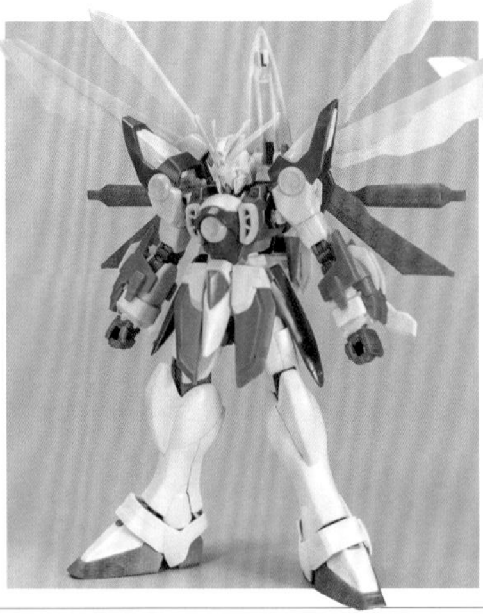

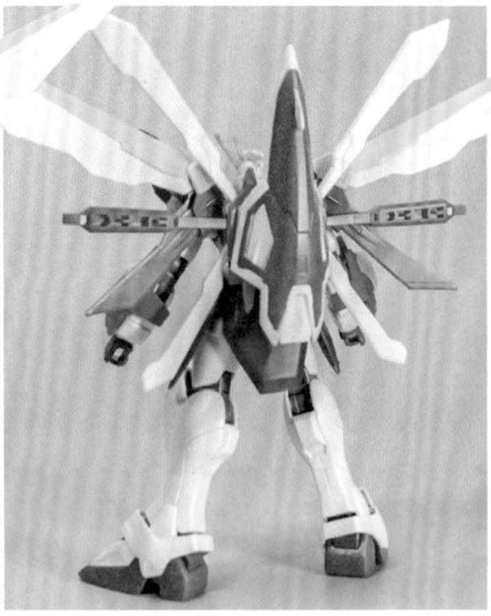

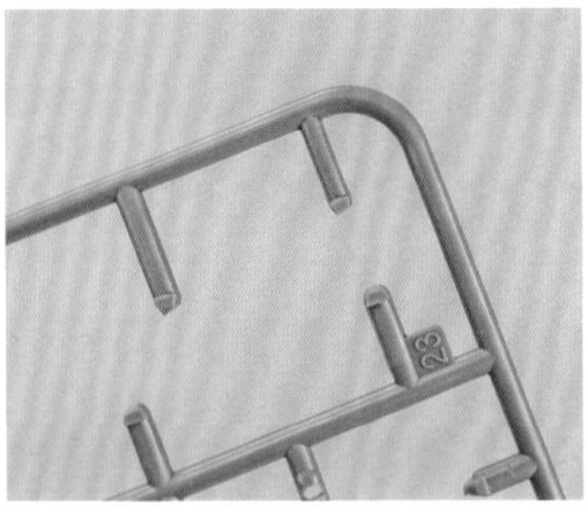

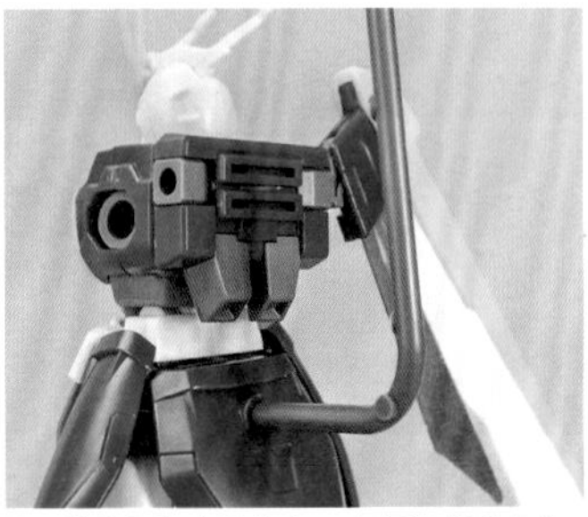

▲想要讓核心飛車可以裝設在推進背包上，還要能夠作為武器持拿，必須得花點功夫調整才行。要是為了直接黏合在推進背包上而鑽挖出3mm孔洞來連接的話，到了需要變形時就會無法裝設飛翼的護盾，因此核心飛車用連接機構必須獨立於飛翼的推進背包之外才行。首先是從飛翼的廢棄框架上剪裁出一截90度轉折部位。接著取下後裙甲處的推進器，用如照片中所示的方式裝設前述框架。只要將核心飛車藉由連接用的零件裝設在這個框架上，也就不會影響到推進背包原有的機構了。附帶一提，這裡在變形時還能作為連接展示架的部位，因此可別黏合固定住了。

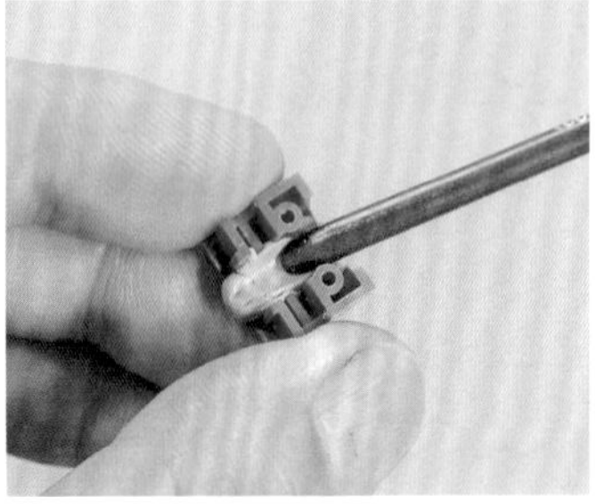

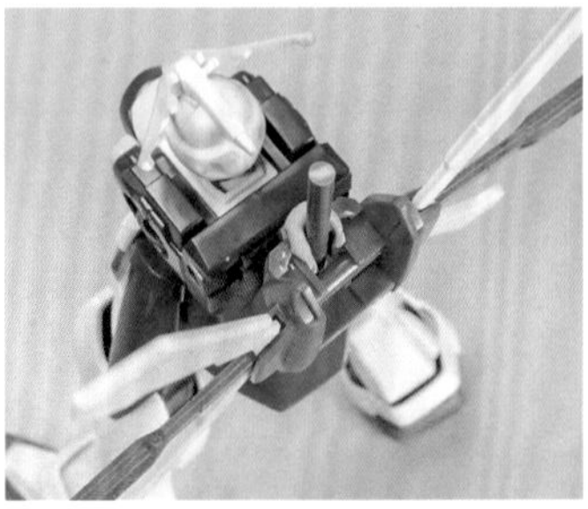

▲將核心飛車中央部位的機首和推進器整流罩給分割開來，並且在零件「B15」的內側填滿AB補土，再以上下顛倒的方式塞入前述框架。接著如照片中所示，將核心飛車的外側組裝起來，靜置等待AB補土硬化。詳細的組裝位置等資訊請參考上方照片。

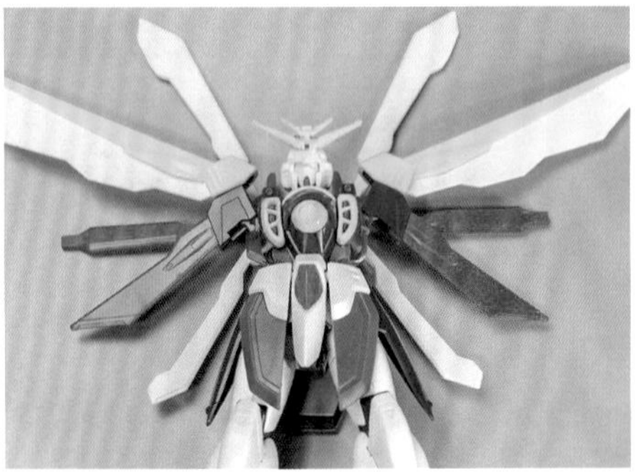

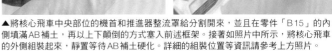

▲在AB補土硬化之前要如照片中所示地展開所有機翼，然後用躺平的方式靜置等候硬化。由於站著的話會很容易往左右偏，因此要趁著這個狀態謹慎調整位置。所幸在AB補土硬化前有著充裕的時間，足以充分地進行微調。

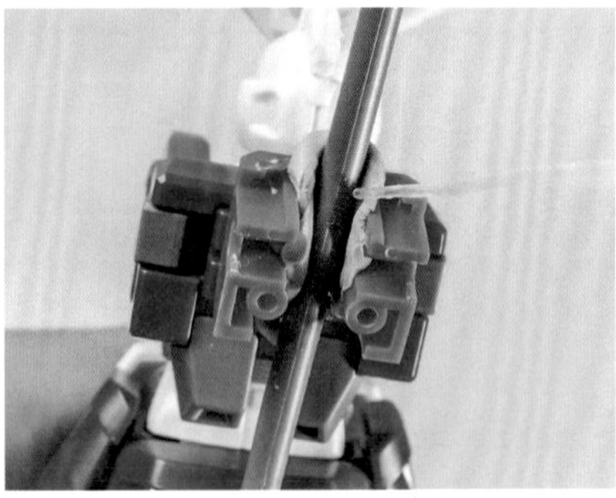

▲等AB補土硬化後，暫且取下核心飛車的外側，以便用高強度型瞬間膠牢靠地黏合固定住。由於這是得負荷不少重量的部位，因此光是靠AB補土來固定還不夠，有可能一下子就剝落了。等瞬間膠乾後，就用筆刀將多餘的AB補土削掉吧。

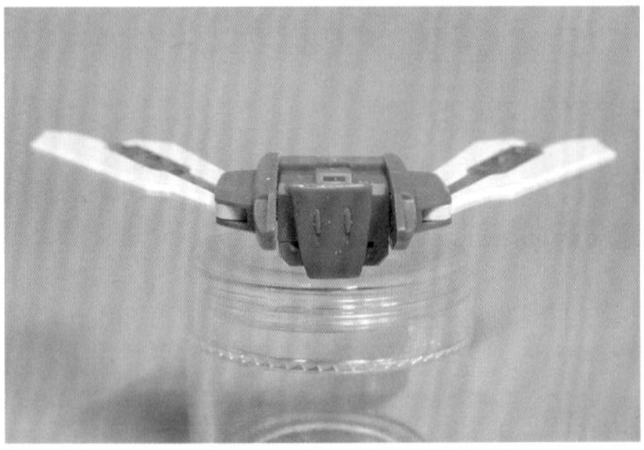

▲由於修剪掉機首處會有AB補土和空隙暴露在外，因此將先前分割開來的機首下側部位，以及神的零件「B11」給黏合起來，作為掩飾該處用的外罩零件。

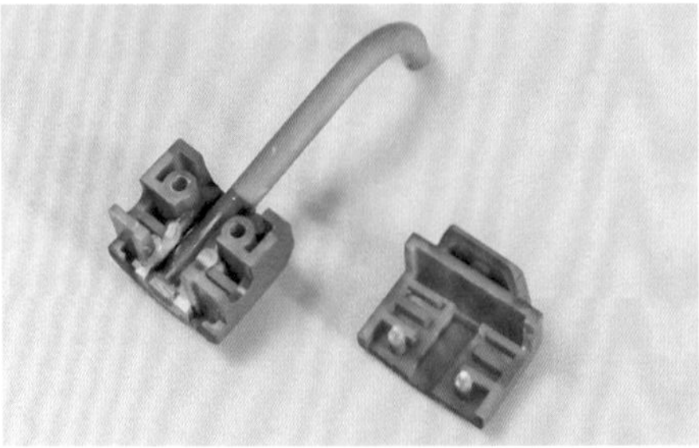

▲經加工機首做出的核心飛車連接用零件完成狀態。由於得視MS形態、飛行形態、武器形態所需而裝卸，因此請不要把零件「B11」和「B15」給黏合起來。想要兼顧變形與機構雙方面時，像這樣製作替換組裝用連接零件的話，作業起來會簡單輕鬆許多喔。

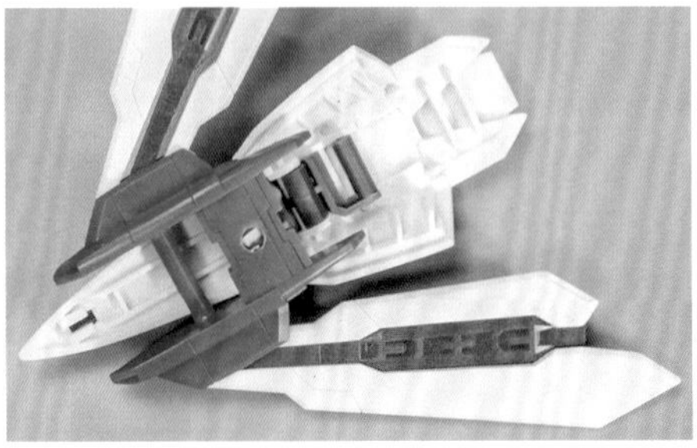

▲為了能裝設在推進背包上，必須仔細規劃變形狀態和武器狀態的核心飛車掛載位置才行。結果發現將飛翼的護盾設置在照片中這個位置，看起來其實毫無不協調感呢。況且飛翼的護盾在中央部位設有空隙供抽出光束軍刀之用，因此試著利用該處裝設3mm軸棒作為連接之用吧。首先是如照片中所示，用手鑽在核心飛車的這個位置鑽挖出3mm孔洞。

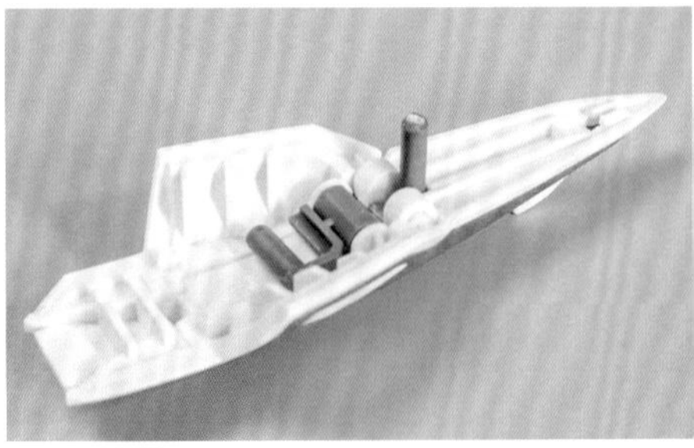

▲配合在核心飛車上鑽出的孔洞，為護盾的空隙塞入AB補土，然後插上飛翼的廢棄框架固定在該處。這部分也是一旦位置偏了就會顯得很難看，因此必須比照核心飛車連接零件的要領謹慎調整位置，等確定後再靜置等候硬化。等到AB補土硬化後，同樣藉由滲流方式用高強度型瞬間膠牢靠地黏合固定住，確保不會脫落。

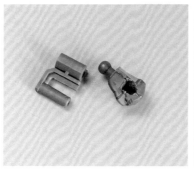

▲試著持拿由護盾和核心飛車組成的武裝形態吧。隨著前端變得尖銳，呈現了更近似弓的形狀，就算持拿在手中也無損於格鬥機體的形象，可說是巧妙地利用到了護盾，完成了不浪費零件的架構呢。在持拿方式上，儘管只要靠神的持拿武器用手掌來拿著護盾就好，但按照零件原樣會無法持拿住，因此得用筆刀切削調整手掌零件的開口部位，確保能持拿住飛翼的護盾。

▲在護盾的設置方式定案後，回頭來仔細看看將核心飛車裝設在背部上的機構吧。首先，既然連接零件是藉由將軸棒插入後裙甲處孔洞來固定的，那麼核心飛車就是裝設成照片中的模樣。只要別讓凹槽部位朝向正面，而是朝向背面的話，看起來就會顯得美觀許多。

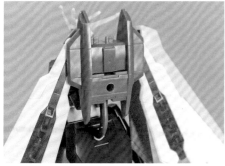

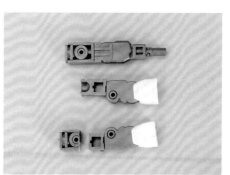

▲先前以神的零件「B11」為基礎製作了外罩零件，在此將它裝到連接零件上，讓核心飛車能牢靠地固定住。由於變形時需要取下該零件，因此必須以便於取下為前提，同時也不會輕易地脫落為前提，謹慎地將連接卡榫稍微斜向削掉一小截。

▲將護盾利用黏合固定在內側的框架，組裝到核心飛車上鑽挖出的3mm孔洞上，藉此固定在背後。這樣一來，無論是MS形態或飛行形態，都能毫無破綻地將零件設置在主體上了。

▲在前臂方面，將飛翼和神的骨架個別從照片中這個位置分割開來，這樣一來等到塗裝完畢後，就能輕鬆地經由黏合方式連接起來了。由於這是在持拿武器時需要承受負荷的部位，因此塗裝後要用耐衝擊性與黏合強度都較高的AB膠來黏合固定。

03 試著整合藍色的部分吧

▶組裝完畢後的塗裝前狀態。儘管肩甲、胸部、機翼都是出自飛翼的，但隨著搭配了頭部、前臂，以及結實壯碩的下半身，即使不是呈現超絕模式也能令人充分領悟到這是神鋼彈。由於藍色以外的成形色都相同，因此就算覺得這點小事不用在意，做到這個程度即可也無妨。

▲由於飛翼和神的前裙甲連接方式不同，因此將兩者的腰部骨架削掉多餘之處，並且將照片中的部分用AB膠黏合起來。這裡同樣是一旦位置偏了就會很醒目的部位，黏合固定時必須謹慎對準中央線才行。

▲神和飛翼在成形色方面的唯一差異，就在於胸部這種藍色。儘管只要用海軍藍之類深的藍色來噴塗覆蓋，即可輕鬆地整合這2種顏色，不過神的藍色屬於加入了微量紅色，使彩度顯得較高的藍色，因此要是噴塗前述顏色的話，顯然會大幅偏離神應有的形象。

▲要是想用較鮮明的藍色來塗裝出良好發色效果，那麼飛翼原有的藍色會顯得過深。因此先用噴罐版 Mr. 細緻白色底漆補土1500來塗裝，做出可供呈現良好發色效果的底色。這道作業頂多只能說是打底，就算不勉強將白色塗裝得十分均勻也無妨。

▲拿噴罐版鋼彈專用漆 MS 藍 Z 系連同神的零件一起塗裝。這樣一來藍色零件的顏色就整合完成了。由於這次是著重在呈現神的形象，因此才會多花點功夫塗裝成較鮮明的藍色，不過若是想採用較深的藍色，那麼就用不著塗裝底色這道手續，可以更輕鬆地整合顏色。希望各位也能選用自己喜歡的方式來處理。

▲分別用擬真質感麥克筆的擬真質感灰色1為白色、紅色、藍色這幾種零件入墨線，以及用擬真質感橙色1為黃色零件入墨線後，就經由噴塗特製消光TOPCOAT將整體統一為消光質感。由於可變形機體還礙於機構方面的問題，要是先組裝完成，再為整體噴塗消光透明漆的話，那麼會很容易造成有地方沒被噴塗到，因此就算會比較費事也要將零件拆開來噴塗，這樣才能做得更為美觀。

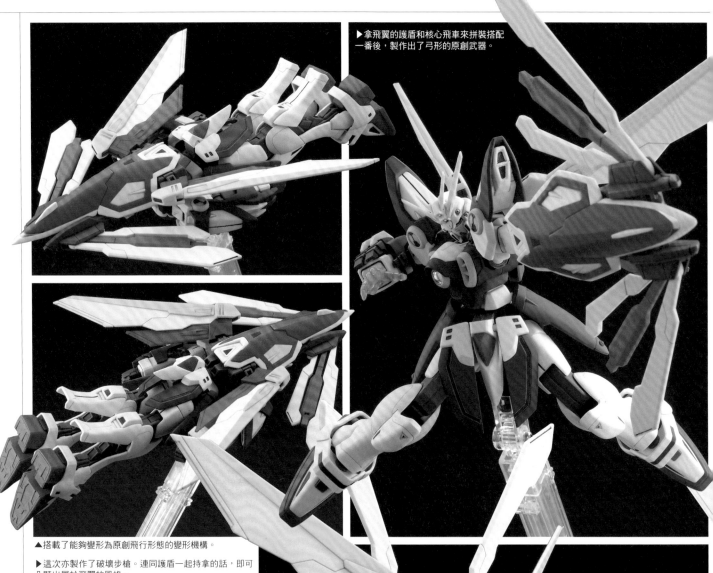

▶拿飛翼的護盾和核心飛車來拼裝搭配一番後，製作出了弓形的原創武器。

▲搭載了能夠變形為原創飛行形態的變形機構。

▶這次亦製作了破壞步槍。連同護盾一起持拿的話，即可凸顯出屬於飛翼的風格。

使用BANDAI SPIRITS
1/144比例 塑膠套件
"HGFC" 神鋼彈＋
"HGAC" 飛翼鋼彈

　　在長達40年以上的歷史中有著諸多MS誕生，使鋼彈的世界變得深奧無比。在設計MS的過程中，以作為主打商品的主角級鋼彈為首，通常都會繪製許多份試作方案或備用稿。就算曾經被打回票、沒被採用，亦有可能在出人意料的地方敗部復活，甚至某些機構可能會被套用在日後的其他鋼彈身上，這正是鋼彈在設計面上的有意思之處。雖然這次選用了在設計上格外相似的神和飛翼作為基礎，不過包含像是Ｖ鋼彈和GP03S之類的機體在內，其實還有許多MS「在檯面下有著淵源匪淺的關係」，各位不妨試著找找看。當然也請大家務必要找機會製作出獨一無二，「或許真有這種MS存在」的原創機體喔♪

林哲平的妄想設定
這是搭載了變形機構的神鋼彈試作方案。不僅配備了長程攻擊用的神弩砲，還能夠變形為可高速飛行的神鳥形態。至於必殺技則是變形之後，直接讓鬥氣纏繞在身上以衝撞敵人的「爆熱神鳳凰」。但相關人員多半都認為變形機能與駕駛員多門・火州的契合性欠佳，因此最後並未採用這個方案……這件範例就是基於前述妄想設定製作而成的。

REAR

SIDE

FRONT

拼裝製作時並非只能交換手腳零件，亦可將其他鋼彈模型的外裝零件如同鎧甲般裝好裝滿，藉此改裝成符合自己喜好的模樣。在此要以「裝好裝滿的拼裝製作」為主題，試著將HG版瞬變鋼彈的零件裝設到HG版鋼彈AGE-FX身上，從中掌握住將零件裝好裝滿的基礎何在！

BANDAI SPIRITS 1/144 scale plastic kit
"High Grade"GUNDAM AGE-FX＋
"HG BUILD FIGHTERS"TRANSIENT GUNDAM use

裝好裝滿的拼裝製作
HG版鋼彈AGE-FX × HG版瞬變鋼彈

01 試著將零件給增裝上去吧

◀這是HG版瞬變鋼彈。有著非常帥氣俐落的造型，就算在『機動戰士鋼彈00』故事主篇中出現也毫不奇怪呢。具備了用來凸顯輪廓，外形尖銳的肩甲和透明零件，的零件，對於拿來裝好裝滿的製作方式來說，是一款運用非常出色的套件。就連成形色為白色的面積也很廣大，就算不施加塗裝也能供許多鋼彈系MS搭配使用，這部分亦是重點所在。

▶這是HG版鋼彈AGE-FX。它是『機動戰士鋼彈AGE』的最後期主角機。有別於AGE-1～AGE-3，在設計上幾乎沒有受到作為藍本的宇宙世紀系列鋼彈影響，即使是在出自海老川兼武老師手筆的鋼彈中，它也以鶴立雞群的獨特造型為魅力所在。

▲這是HG版鋼彈AGE-FX（以下簡稱為FX）和HG版瞬變鋼彈（以下簡稱為瞬變）。在海老川兼武老師設計的MS中，筆者對這兩者的印象格外深刻。這次採取將瞬變的裝甲設在FX身上進行製作，從中學習如何將零件裝好裝滿的拼裝方式吧。

▲FX全身各處配備了C感應刀，是以進行長程攻擊為主體的MS。由於打算增加其他零件，這樣一來可能就會被往外凸出的C感應刀給卡住，因此乾脆全部拆掉，改為往與原機體屬性相反的方向去發揮，製作成以進行格鬥戰為主體的MS。儘管改裝時多半會往發揮基礎機體原有屬性的方向去做，但有時反過來規劃會更易於製作出具有說服力的MS喔。

▲立刻構思如何增設外裝零件的方案吧。一開始是先將屬於瞬變特徵所在的肩甲用雙面膠帶固定在FX雙肩上。儘管內側有卡榫之類的構造，導致無法組裝得剛剛好，但在這個階段還不必加工，只管套上去看看效果就是了。要是直接加工裝設上去的話，等到後續經由試誤發現其他更好的搭配方法時，多半會無從補救。

▲加上了瞬變肩甲的狀態。肩甲確實是能夠大幅改變輪廓的部位，卻也不太會卡住其他部分，屬於就更動了也不至於對可動性或機構造成太大影響的零件。將位置由內側往外側移之後，便令肩甲呈現了斜向外凸出的尖銳線條，凸顯出了簡潔明瞭的帥氣感。因此增裝零件時從肩甲著手會是首選。

▲膝裝甲也是較易於增裝的部位。這裡也不太會對可動性或機構造成多大影響，就算加裝尺寸相對地較大的零件多半也不成問題。在此就裝上瞬變的側裙零件試試看吧。如果仍裝著C感應刀的話，肯定會被卡住，但拆掉該武器後的搭配成果正如照片中所示。隨著設置了凸出狀的膝裝甲，亦凸顯出了尖銳的輪廓，造就了符合格鬥型機體風格的攻擊性外形。

◀一提到出自海老川兼武老師設計的格鬥型機體，就會聯想到七劍型00鋼彈，它在左肩甲上掛載著龐大武器的模樣真是帥極了。在此將瞬變的推進背包視為巨劍裝設在相同部位上試試看吧。機構之類的問題留待後續再設法解決就好，在規劃如何增裝零件時，只要把做出心目中「最帥氣」的模樣視為最優先即可。

▶比照能天使鋼彈的GN刀，從瞬變的GN巨刃長槍取用前端部位掛載在腰際作為佩刀。格鬥型機體並非配備光束軍刀之類的武器就好，若是能搭配實體劍的話，更是易於凸顯出腰際佩掛著武器這種簡潔易懂的形象。由此可知，增裝零件也和強化打算製作的形象息息相關。

◀大致完成增設零件和整體外形的狀態。隨著在肩甲和腰際佩掛了大型實體劍，整體面貌也更近似七劍型00鋼彈這類格鬥型機體的風格了。重新確認過零件之後，即可剝除雙面膠帶，進入正式對零件進行加工和黏合的階段了。

02 對零件進行加工和黏合吧

▲從最簡單的膝裝甲加工作業開始吧。瞬變的側裙甲在背面設有軟膠零件用組裝槽，導致直接黏合的話會令零件整個翹起來，因此先拿初步修剪用斜口剪將該處剪掉，剩餘的凸起部分也用筆刀削掉，同時也將黏合面也削平以增加黏合面積，讓零件更易於密合黏貼在原有的膝裝甲上。

▲塗佈TAMIYA模型膠水等尚黏稠度型聚苯乙烯用膠水，確保能牢靠地黏合住。由於聚苯乙烯用膠水是藉由將零件稍微溶解，使彼此能融合成一體，因此不僅黏合力很強，也不像瞬間膠那麼快就硬化，能夠從容地微調黏合位置。對於一旦黏合增設位置有誤就無從補救的零件來說，這是最適合使用的膠水。不過要是膠水溢出界了，即使經由噴塗消光透明漆來掩飾，該處也會顯得髒髒的。所以最好是盡可能塗佈在不會令膠水溢出的地方，並且留意別塗佈過量了。

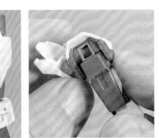

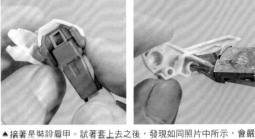

▲接著是裝設肩甲。試著套上去之後，發現如同照片中所示，會嚴重地被內側的組裝槽和凸起結構給卡住。像這樣的零件需要修剪之處頗多，必須謹慎地進行作業。和先前的膝裝甲相仿，先拿初步修剪用斜口剪把多餘的部分剪掉，接著為了讓零件能組裝得更為密合，再用筆刀進一步將內側的細小肋梁和凸起結構給削掉。

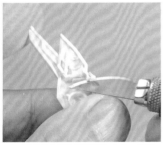

▲為了讓零件能組裝得更為密合，要用筆刀進一步將內側的細小肋梁和凸起結構給削掉。要切削這類細小部位時，拿專家級美工用筆刀來處理會較適合。由於刀尖為彎刃狀，因此可以在無損於平面的情況下削掉肋梁等特定部位。

▲為瞬變肩甲削掉內側多餘部位的狀態。與加工前狀態相比較會發現，其實削掉了不少地方。經由削掉許多地方來改造的製作方式，確實需要一點勇氣才做得到，但只要分成幾次逐步進行就沒問題了。只要當成「零件上有著很大的注料口得處理」，這樣作業起來應該就比較沒有壓力了。

▲肩甲的完成狀態。將瞬變的肩甲套在FX肩甲上後，頂面又進一步黏合了瞬變的腳尖來掩飾空隙。由於瞬變這種藍色與FX的腹部和頭部後側天線相同，因此就算不塗裝，搭配起來也毫無不協調感。

▲胸部中央是從正面觀看時極為醒目之處，可說是一定要加裝零件的部位。由於瞬變的胸部為獨立零件，因此或許能直接裝到FX的胸部上……試過之後發現會被FX的胸部凸起幅度給卡住，想裝上去沒那麼簡單。

◀既然無法直接裝上去，那就先修改零件的形狀吧。將瞬變的胸部零件從中央分割開來，並且將中央部位用斜口剪和筆刀修剪掉，只留下兩側的肩部天線來使用。經過修剪處多少會有些凹凸起伏，不過只要噴塗過消光透明漆就幾乎毫不起眼了，因此用不著刻意去打磨修整。以這類簡易製作法範例來說，省下打磨修整的功夫也能更快地進行作業。若是講究作品完成度的話，那麼這類地方也要記得打磨修整喔。

▶儘管試著裝到胸部上了，但像這樣裝在襟領兩側，看起來就很像00系鋼彈的肩部天線設置風格，況且視觀看角度而定，也會令人覺得像是裝在推進背包上的光束軍刀，可說是兼具了說服力與帥氣感的設置方式呢。附帶一提，這類細小零件只要稍加施力就很容易脫落，因此要等到用擬真質感麥克筆入墨線後再黏合固定。

▲為襟領兩側設置天線後，該處會導致肩關節在向上抬起時被卡住，因此得將肩關節零件內側的凸起部位給削掉。該處屬於不會暴露在外的部分，如此調整之後，可動範圍也就和原來沒兩樣了。增裝零件時，可能會在意料之外的地方造成干涉，此時最好是經由削掉不會暴露在外，或是不起眼的部分來進行調整。

  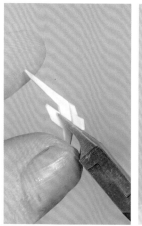 

▲這是FX與瞬變的頭部。頭部在鋼彈模型中最為醒目，可說是比任何地方都更需要改造的首要重點。儘管鋼彈的頭部很小，可供裝設零件的地方有限，但最傳統也最具有效果的，就屬增設天線了。接著就照這個方法試試看吧。

▶將原本與面罩、左右護頰連為一體的瞬變臉部零件給分割為兩片，再來只要將斜口剪的刀刃伸入照片中所示處動剪，即可將天線和護頰給分割開來。若是使用的斜口剪本身刀刃部位較厚，那麼就改用筆刀先沿著分割線掛出缺口，再用手從該處扳斷吧。裁切後顯得較粗糙處也要記得用筆刀切削平整。

◀將瞬變的天線裝設到FX頭部上，構成有4根天線的模樣。隨著帽簷從FX的藍色變成了白色，角度也比FX的更為尖銳，營造出了眼神更為銳利，更具格鬥型機體風格的容貌。至於護頰則是改為設置在胸部頂面作為增裝裝甲。為原本為藍色的部位添加白色零件後，不僅是在形狀上，就連在配色上也成為了不錯的點綴呢。

03 試著規劃武器裝卸機構吧

 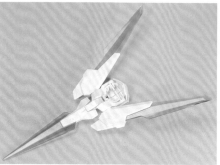 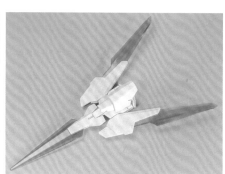

▲外裝零件只要黏合起來即可，但想要能夠拿在手中的話，就必須能自由裝卸才行，因此試著規劃武器的裝卸機構吧。首先是從瞬變的推進背包著手。若是維持原樣不變，會有著GN動力裝置與『鋼彈AGE』的世界觀格格不入的感覺，於是用斜口剪將該處給修剪掉。

▲修剪掉GN動力裝置後會留下一個大開口，在此拿瞬變的膝裝甲和踝護甲搭配黏合在該處作為掩飾。由於這件範例是以『鋼彈AGE』的世界觀為準，因此才會這樣改造，不過從設計面來說，其實就算保留GN動力裝置也不會顯得很突兀。假如是採取創鬥者這類改裝製作方向，或是覺得「即使保留下來也很帥氣」的話，那麼就算維持原樣也無所謂。

 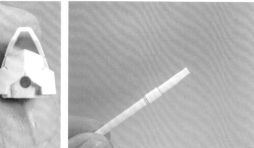 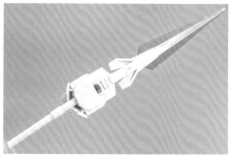

▲試著為瞬變的推進背包設置握柄，藉此追加能真正作為巨劍揮舞的機構吧。首先是在照片中這個位置鑽挖出裝設握柄用的3mm孔洞。以這種連接軸棒來說，將孔洞設置在從外側看不到的地方會是最佳選擇。

▲用GN巨刃長槍下半截的柄部（零件「B1」）作為握柄。將原本用來連接透明零件的前端部位用筆刀切削調整，使該處能插進前述3mm孔洞裡固定住。要是削掉太多，組裝後會顯得太鬆且容易脫落，萬一遇上了這種情況，那就經由適當塗佈瞬間膠來增粗。

▲插入軸棒後的狀態。隨著加裝握柄而可供持拿在手中，這部分也變得不再只是增設來營造帥氣感的零件，而是具有特定機能的零件了。在增設零件時，若是能連同追加該零件後有何意義都一併納入考量，肯定能搭配製作出更具說服力的成果。

  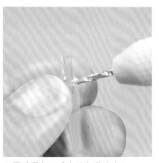

▲再來是為了讓瞬變的推進背包能自由裝卸，因此試著製作專用連接零件。作為基礎的，是尺寸最小的C感應刀。儘管尺寸較小，導致欠缺了點自我主張的存在感，但受惠於這部分的厚度較薄，得以無損於與主體之間的密合感。接著就是拿瞬變的推進背包來比對一下，思考一下該如何設置連接機構。

▲經過一番試誤後，發現在C感應刀上打樁以固定瞬變的推進背包，這是最為簡單輕鬆的方法。首先是在C感應刀畫出打樁用的參考線。要是省略了這道步驟，那麼很可能會發生偏離中心線，導致打樁在錯誤位置上的情況，因此一定要事先描繪參考線以確認位置無誤。

▲用手鑽在C感應刀上鑽挖出3mm孔洞吧。一舉鑽挖3mm孔洞的話，可能會施力過度導致零件裂開，因此要從鑽挖1mm、1.5mm、2mm的較小孔洞著手，再逐步擴孔。

▲為3mm孔洞插入瞬變的灰色廢棄框架，再用高強度型瞬間膠牢靠地黏合固定住。由於這部分頂多只是連接用的結構，因此把與維持軸棒強度無關的部分削掉，使整體能小巧些，盡可能做到既小巧又不醒目的程度。

▲瞬變的推進背包在背面留有開口，將手鑽伸入該處以鑽挖成3mm孔洞，作為可供插入3mm連接軸棒的組裝槽。儘管孔洞和削掉卡榫的部位頗為醒目，但這個地方在完成後幾乎不會暴露在外，因此維持現況也行。

▲將瞬變的推進背包裝設到該連接機構上後就是如此。成功做出了能夠與主體組裝密合之餘，還既小巧又不起眼的連接機構。由於FX本身就有許多連接感應刀用的武裝掛架，因此只要花心思規劃，就能成為可增設許多裝卸式武裝的素體。

▲連接零件若是維持現況，透明綠會令它變得很醒目。因此用漆膜較堅韌的Mr.COLOR中間灰來塗吧。這類連接部位很容易受到摩擦而刮漆，與其使用漆膜較脆弱的壓克力水性漆或水性乳化液系塗料來上色，不如選用咬合力較強，也比較不容易刮漆的硝基漆來塗裝。

▲接著是製作可將GN巨刃長槍佩掛在腰際的連接零件。GN巨刃長槍的厚度較薄，無法採用像肩甲一樣在C感應刀上打樁的方式來固定。試著找找看有無合適的零件可用後，決定使用瞬變的前臂骨架。也就是拿照片中這個有圓孔的地方作為連接部位。

▲將超山側裙甲範圍的多餘部分用斜口剪和筆刀修剪掉，再將圓孔處用3mm手鑽擴孔，然後黏膠固定住。要設置這種可供拆卸的孔洞時，如果孔洞的尺寸過於精確，那麼裝卸之際就算很用力也未必拔得開來，因此要以不會損及保持力為前提，稍微挖得寬一點點。

▲將連接零件黏合起來後的狀態。這部分要用高黏稠度型聚苯乙烯用模型膠水來牢靠地黏合住。由於這類部位得負荷不少力道，因此至少要靜置約3天等候膠水完全乾燥。

▲在GN巨刃長槍前端鑽挖出3mm孔洞，插入瞬變的3mm白色廢棄框架，藉此製作出可供插入連接零件的軸棒。想將凸出的部分處理到完全與表面吻合會相當費事，因此先像照片中一樣穿出約2mm並修整表面，然後做成從外側來看就像是圓形結構的模樣，這樣就輕鬆多了。這部分也要以高黏稠度型聚苯乙烯用模型膠水來牢靠地黏合固定住，但要是在半乾不硬的狀態下插進連接零件裡，那等到取下來時，黏合處一下子就會剝落了，所以至少要靜置約3天等膠水完全乾燥。

▲將GN巨刃長槍前端部位作為實體劍佩掛在腰際的狀態。由於巧妙地運用了套組裡的零件和廢棄框架，因此就算不使用改造零件之類的產品，照樣能製作得毫無不協調感。武器的連接部位在裝卸之際會需要負荷較強力道，無論如何都要將黏合強度視為第一優先要務。

▲組裝與入墨線作業都完成後的狀態。入墨線時選用了淺紫灰色，這方面是拿擬真感麥克筆的擬真感灰色1來處理，因為該顏色與海老川老師筆下給人潔淨清爽印象的鋼彈十分相配。只有黃色部位是拿擬真質感橙色1來入墨線。接著則是把各區塊拆解開來，以便黏貼水貼紙，還有進行最後的完工修飾。

04 試著添加點綴作為完工修飾吧

▲FX各區塊的平面較寬廣，試著藉由黏貼水貼紙讓整體顯得更帥氣吧。儘管『鋼彈AGE』系列有推出通用水貼紙，但這次選擇拿RG版量子型00用水貼紙來黏貼。由於同樣是出自海老川老師的設計，因此可說是絕配，更毫無不協調感。不過圖樣中包含了要避免使用到的「00」和「GN」等文字，以及天上人的標誌，還請特別留意這點。

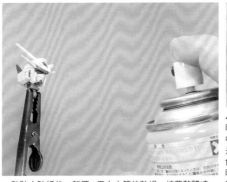

▲黏貼水貼紙後，靜置1天左右等待乾燥，接著整體噴塗特製消光TOPCOAT處理消光質感。潔淨對「海老川鋼彈」來說是最重要的！即便費事亦要先將整體拆解到一定程度再進行噴塗，這樣才能確保成果美觀潔淨。

▲FX的胸部與座艙罩為透明零件。儘管這裡在設定中為透明綠的，但在此這是配合瞬變的透明零件顏色用Mr.COLOR噴罐版透明藍來塗裝。讓透明零件的顏色一致，有助於營造出這件作品很有整體感的形象。

使用BANDAI SPIRITS
1/144 比例 塑膠套件
"HG" 鋼彈AGE-FX ＋
"HGBF" 瞬變鋼彈

　　儘管在進行拼裝製作時，替換組裝手腳等部位是最基本的做法，卻也有「增裝」這種更進一步的技巧。這方面確實得對其他鋼彈模型的外裝零件進行裁切，甚至是做更細膩的加工，卻也能造就更為多樣化的表現。外裝零件的首選，在於成形色為白色、造型是由許多個面構成，以及易於將外裝部位拆解開來的套件，這樣會比較便於運用。最值得推薦的，就屬獨角獸鋼彈和RG版的鋼彈系MS了。在擅長這類手法的模型玩家中，又以塞伊拉瑪斯歐老師的作品在增裝零件進行拼裝製作方面最值得參考，想要用裝好裝滿的方式做鋼彈模型時，請務必要找他的作品來參考喔♪

林哲平的妄想設定

這是著眼於鋼彈AGE-1～AGE-3的裝具換裝系統，為AGE-FX所設計的修改方案。儘管已將輸出投注到格鬥武裝上，應該成了力量系裝具才對，但在電腦上進行的模擬測試卻顯示相當難以駕馭，因此最後並未實際製造出來……這件範例就是基於前述妄想設定製作而成的。

▶還具備了所有武器可合為一體的機構，因此就連在娛樂性方面也很出色呢。

REAR

SIDE

FRONT

將早期套件與最新套件的零件相結合，藉此製作出只屬於自己的準MG或HG升級作品。這是打從MG問世以來，就有無數模型玩家挑戰過的經典改造手法。在此要以「升級拼裝製作」為主題，選擇直到2022年時尚未推出MG版套件的1/100亞克作為主體，經由搭配組裝HG版索格克的零件，升級為原創的準MG風格亞克。

BANDAI SPIRITS 1/100 scale plastic kit AGG
＋1/144 scale plastic kit "High Grade UNIVERSAL CENTURY" ZOGOK (UNICORN Ver.) use

升級拼裝製作
1/100亞克×
HG版索格克（鋼彈UC Ver.）

01 先看看會使用到的套件吧

▲這是1/100亞克和HG版索格克（鋼彈UC Ver.）。本次要為亞克組裝索格克的零件，試著將亞克升級為MG風格的作品。由於同樣都是為了進攻賈布羅而試作的機體，因此在設計方向上很相似，搭配起來自然也極為契合！

▲這是1/100亞克（以下簡稱為亞克）。即使是在當年傑作輩出的進攻賈布羅試作機體軍團套件中，亞克也是製作得格外出色，就算以現今的觀點來看，在體型方面也顯得相當完美。由於在外形上沒有施加改造的必要，因此被許多模型玩家視為挑戰升級改造的題材，是款與本次主題可說是絕配的鋼彈模型。

▲這是HG版索格克（鋼彈UC Ver.）（以下簡稱索格克）。進行升級拼裝製作時，主要是拿來移植關節部位的。設法將內部骨架組裝到早期套件，可說是升級改造的基本手法。儘管亞克是1/100，但整體尺寸較為小巧，因此選用在內部骨架形狀與關節設計都很吻合的1/144比例索格克作為材料，尺寸會搭配得剛剛好。

column

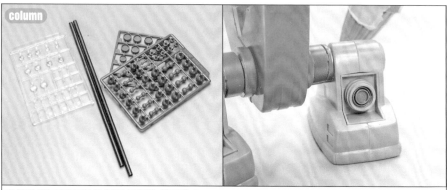

升級改造時要巧妙地運用細部修飾零件！

▲升級拼裝製作時不可或缺的材料，就屬市售的細部修飾零件了。這次拿來應用的是壽屋製M.S.G系列、HOBBY BASE製關節技，以及WAVE製H・眼。用途在於將單眼改為透明零件、將動力管換成用彈簧管來呈現、為噴射口內部設置圓形結構零件，以及經由將關節改用關節技重來做改良腿部。對於有著「細部修飾零件的種類實在太多了，根本搞不懂怎麼選用才好！」等想法的玩家，優先推薦從購買這件範例提到的產品著手喔！

02 把接合線給蒙混過去吧

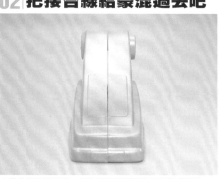

▲製作早期套件時，最為費事的就屬進行無縫處理了。亞克的腿部不僅在中央留有接合線，而且還因為模具已經老舊，導致零件之間存在著高低落差，真要進行無縫處理的話會相當費事。在此為了省時見，決定在僅進行最低限度的無縫處理之餘，亦適度地添加細部修飾。

▲現今的MG等套件會將一部分接合線設計成溝槽狀細部結構，這樣就不必刻意進行無縫處理了。因此仿效該設計，用筆刀的刀刃沿著接合線斜向刨刮，以便將該處詮釋成溝槽狀細部結構。不過只有正面的長方形部位請不要這麼做。

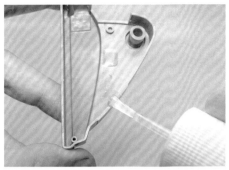

▲僅針對正面的長方形部位塗佈高黏稠度型聚苯乙烯用模型膠水，藉此進行無縫處理。為早期套件迅速地進行無縫處理的方法，其實是比照了『週末動手做 鋼彈模型完美組裝妙招集 ～鋼彈簡單收尾技巧推薦～ HG篇』（暫譯）中的薩克Ⅰ這件範例，詳情還請各位參考該書籍裡的說明。

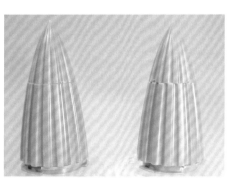

▲將長方形部位黏合起來後，針對溝槽部位使用速乾型的流動型模型膠水。此舉並不是為了進行無縫處理，只是要黏合固定罷了，因此輕輕地點上進行滲流即可。不過這時要是用力按壓零件的話會擠出溢膠，導致弄髒零件表面，因此保持原樣不動就好。

▲無縫處理完成的狀態。在將整條接合線處理成溝槽狀細部結構之餘，亦僅針對最醒目的正面凸起部位進行無縫處理，這樣看起來會給人「在中央設有溝槽狀細部結構的MG風格腿部」這種印象。由於能大幅省下費事的打磨作業，因此製作起來會快上很多呢。

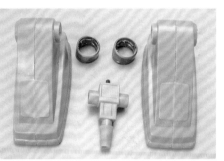

03 對零件進行加工吧

▲在臂部方面，採用了以索格克的臂部為骨幹，裝上亞克的肩部和鑽頭這種升級改造方式。首先是對零件進行多方搭配，藉此掌握住如何改造的概念。

▲鑽頭為上下分割式的零件。若按照正規方式進行無縫處理，那肯定得花上不少功夫。因此乾脆把這部分也詮釋成細部結構風格吧。做法很簡單，採用把細部結構錯開的方式黏合起來就好。如此一來就成了上下分割式的雙重反轉鑽頭，在省事之餘也添加了修飾呢。

▲圓鋸也和鑽頭一樣要錯開來黏合。若要按照正規方式為這裡進行無縫處理，那麼就算得花上3小時的功夫也不為過，但錯開來黏合的話，只要5秒就解決了。隨著細部結構的密度變高，這個位於正面醒目之處的部分也顯得更為精緻，呈現了宛如MG的風格。

▲為了讓索格克的臂部能裝進亞克那個圓形肩部零件裡，因此將設有連接臂部用關節軸的索格克內部骨架肩關節部位給移植進去。這方面是先用工藝鋸分割開來，再拿高黏稠度型聚苯乙烯用模型膠水牢靠地黏合固定住。由於索格克的肩關節在保持力上不夠強，維持現狀會難以固定住亞克的龐大鑽頭，因此要為球形關節軸塗佈少量高強度型瞬間膠，使關節能組裝得更緊，同時也提高該處的強度。

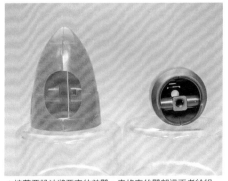

▲接著要設法將亞克的前臂、索格克的臂部這兩者給組裝起來。由於想要自製關節部位會相當費事，因此改為將需要裝入關節的開口給擴大，以便將索格克的前臂嵌組進去。

▲首先是拿初步修剪用斜口剪把原有關節的組裝槽剪掉，藉此騰出內部的空間。由於早期套件的零件較薄，要是剪得太過用力的話，可能會造成裂痕，因此要分成數次逐步修剪掉。

▲再來是用筆刀將開口削得更大一點。但要是削得太大了，也會顯得很難看，因此同樣要謹慎地分成數次逐步切削調整。只要一邊切削調整，一邊拿索格克的臂部來比對，應該就能避免發生失誤。至於固定方式則是採取先塗裝完畢，再藉由為內部填塞AB補土的方式來強行固定住即可。

▲臂部的完成狀態。隨著將早期套件原有固定式蛇腹型關節更換為現今的索格克臂部，確實呈現了屬於MG風格的現代設計。由於亞克本身的體型就設計得很不錯了，因此只要更換了關節等少數地方，即可達到效果驚人的升級改良。

04 身體的升級改造

▲為亞克進行升級改造時，改良單眼一帶是不可或缺的。如果擱著這裡不管，那麼無論其他部位修改如何，看起來都還是會和早期套件差不多。因此先從將套件的單眼部位修挖掉著手。這部分是用1.5mm手鑽沿著單眼的外框開孔後，再拿斜口剪用把點和點之間逐一剪開，藉此把內側給挖掉。

▲做到這個階段，先前的開孔處會顯得參差不齊，必須用筆刀將殘餘部分切削工整。由於原本就有做出明確的邊框，只要沿著該處逐步削掉就不成問題。把這道作業當成「削掉範圍很大的注料口痕跡」，做起來應該就比較沒壓力。

▲最後是拿400～600號砂紙將開口邊緣給打磨工整，這樣一來削挖作業就完成了。亞克的單眼一帶在形狀上相當單純，而且範圍也很大，切削起來不太容易發生失誤，因此對於練習削挖開口的作業來說剛剛好呢。

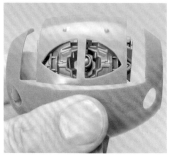

▲將單眼一帶挖穿後，試著將索格克身體內部骨架裝進亞克的身體裡。受惠於同為進攻賈布羅試作機體，儘管比例不同，在細部結構與整體氣氛方面卻搭配得剛剛好。那麼接下來就開始製作內部骨架吧。

▲將亞克的圓鋸連接部位、索格克的內部骨架給組裝起來。按照現況的話，索格克內部骨架的左右兩端會卡住圓鋸，因此先拿初步修剪用斜口剪將該處剪掉，再把圓鋸連接部位給黏合固定住。作業時一定要記得套上先前挖穿了單眼部位的身體正面零件進行比對，確保單眼能夠位於中央。要是單眼的位置偏了，那麼肯定會顯得很難看。

▲連同圓鋸一併裝進身體裡，確認位置是否無誤。由於亞克的單眼尺寸很大，維持套件原樣會顯得過小，因此將該處換成壽屋製M.S.G圓形噴嘴（L）的10mm版本零件，透明部分則是在WAVE製H·眼的內側黏貼了箔面膠帶而成。

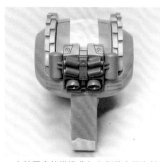

▲單眼部位改良升級完成的狀態。可以從挖穿後的空隙看到內部骨架和單眼，呈現了與MG系列機近似的架構呢。在製作上也並不困難，只要進行切削、黏合的作業就好，其實相當簡單呢。

▲由於亞克的推進背包在形狀上極為簡潔，因此乾脆整個換成索格克的零件。儘管形狀雖然不同，但畢竟同為試作機，因此看起來毫無不協調感。這樣一來無須費事改造也能輕鬆地升級完成呢。

▲屬於亞克特徵所在的嘴部雷射噴燈。套件是藉由左右兩側動力管來固定，但此次不打算使用套件中的動力管零件，改用3mm廢棄框架來與身體相連接。考量到索格克的框架在精確度方面比較高，製作時也就選用了那邊的框架。

▲根據身高來決定位置後，就用手鑽挖出3mm孔洞。鑽挖開孔處請參考照片中的位置。儘管上下稍微偏開一點也不成問題，不過一旦往左右偏開了就會很醒目，鑽挖開孔時一定要確保位於中心線上。

05 腿部的升級改造

▲將雷射噴燈連接起來的狀態。塗裝後不要黏合固定住，只是插入孔洞的話，即可經由轉動角度展現出表情變化喔。雷射噴燈的形狀很複雜，若是按照正規方式進行無縫處理會很費事，不過像這樣僅針對前端和動力管基座做無縫處理，把其他地方處理成溝槽狀細部結構的話，製作起來就會輕鬆許多。

▲亞克的股關節一如早期套件風格，屬於軸棒式關節的構造，屬於只求從正面來看能站得筆直的設計。在此要比照現今的鋼彈模型進行升級改造，讓它能擺出外八字站姿。為了擴充股關節的可動範圍，於是打算在該處設置HOBBY BASE製雙重球形關節，但純粹設置該關節會顯得不夠美觀，因此決定在腰部區塊這邊加裝索格克的手腕基座零件作為組裝槽。首先是拿初步修剪用斜口剪和筆刀將該零件給挖穿，以便騰出可供裝設球形關節的空間。

▲將索格克的手腕基座零件給挖穿後，將它黏合固定在亞克的腰部區塊上。為了便於塗裝起見，身體要維持在最後階段之前都能輕易拆開的狀態，因此該零件只要黏合固定在身體的正面零件這邊就好。這部分亦屬於需要負荷力道的地方，同樣得拿高黏稠度型聚苯乙烯用模型膠水牢靠地黏合固定住。

▲接著是用AB補土來固定雙重球形關節。塞入AB補土後，將球形關節紮實地緩緩壓進最深部。溢出來的AB補土只要等它硬化後再削掉即可，因此在這個階段只要把牢靠地固定住球形關節視為第一要務就好。

▲腿部也得按照腰部區塊的要領來固定住球形關節，但腿部裡頭的空間較寬廣，必須多塞一點AB補土才行。附帶一提，球形關節一定要在裝好球形軸棒的狀態下壓進AB補土裡，要是在沒有藉由裝入球形軸棒把球形組裝槽撐開的狀態下讓AB補土硬化了，那麼之後會無從裝入球形軸棒。

▲就現況來看，球形關節的軸棒部位會暴露在外，於是便將索格克大腿零件的內側給挖穿，讓該零件能作為股關節罩。由於它的設計概念與臂部蛇腹狀關節相同，因此也具有能提高整體感的細部修飾效果。

▲股關節升級改造後的狀態。隨著讓腿部能擺出外八字站姿，看起來確實顯得更加自然許多。有別於其他MS，亞克用不著改造膝蓋和腳踝的關節，只要重製股關節就好，因此可說是最佳的升級改造入門題材呢。

06 動力管的升級改造

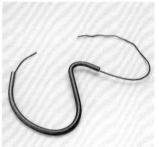

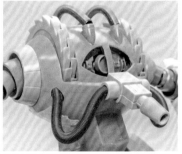

▲儘管套件中的動力管均為單一零件，但想要去除分模線會相當費事。在此把動力管都換成壽屋製M.S.G機動管的彈簧管組件，這樣不僅能作為細部修飾的一環，亦可節省作業時間。要設置亞克嘴部這種彎曲狀的動力管時，只要事先穿入在百圓商店等處就能買到的黑色金屬線，即可輕鬆地調整所需的彎曲幅度。另外，等到塗裝完畢後，再用高強度型瞬間膠來把動力管給黏合固定。

▲頭部動力管的彈簧管組件固定用基座，要拿先前使用在單眼上的M.S.G圓形結構零件來製作。做法其實很簡單，只要如照片所示地黏合在頭部和推進背包上就好。彈簧管則是等到塗裝完畢後再用高強度型瞬間膠來黏合固定即可。附帶一提，剪裁彈簧管時，一定要選擇刀刃較堅韌的金屬用斜口剪，或是用尖嘴鉗的內側來剪。拿模型用斜口剪來剪的話，刀刃肯定100%會被剪出缺口，導致整柄報廢，還請特別留意這點。

07 升級改造完成

▲升級改造製作完成的狀態。相對於原本的未改造狀態，成果正如照片中所示，就算稱有著等同MG的水準也不為過，成功地獲得了大幅度改良呢！附帶一提，這次除了對少數地方進行無縫處理以外，其餘部位都沒有做表面處理。由於這個狀態的整體看起來毫無不協調感，因此就算用保留成形色的形式製作完成也不成問題。

08 用らいだ～Joe式塗裝法迅速地上色完成吧

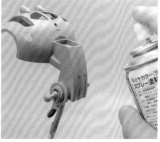

▲這次在要設法掩飾作工粗糙的地方之餘，還要為亞克凸顯出如同工程機具的形象，因此決定採用らいだ～Joe式塗裝法來上色。在配色方面並非以設定資料為準，而是賦予如同兵器的寫實感，選擇用TAMIYA噴罐的暗黃色和德國灰來塗裝。水貼紙則是挑選了MG版新安州用的，藉以凸顯出有如MG風格的現代感。附帶一提，關於らいだ～Joe式塗裝法的詳情，還請參考他本人的著作『初學者也做得到！鋼彈模型輕鬆製作指南』（暫譯）。

▲鑽頭和圓鋸是先用TAMIYA噴罐的黑色塗裝底色，再用金屬銀來塗裝。由於這類容易觸碰到的部位要是用4 ARTIST MARKER上色會很容易掉漆，要選用漆膜較堅韌的硝基系噴罐來塗裝。

▲內部骨架是用水性HOBBY COLOR的燒鐵色來筆塗上色。儘管未使用簡易噴漆組來塗裝，但以這類面積不算大的部位來說，用筆塗方式整片刷上顏色會比較輕鬆。

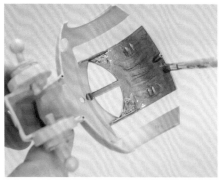

▲早期套件的塑膠材質容易透光，擺在光源下就會看得出塑膠原有的橙色，因此為了避免透光起見，要記得用水性HOBBY COLOR的燒鐵色為零件內側筆塗上色。

▲由於目前單眼一帶仍維持著挖出了開口的狀態，因此要試著製作出如同MG的透明單眼護罩。做法其實很簡單，只要用剪刀從超商便當的透明塑膠蓋這類物品上剪裁出塑膠片即可。

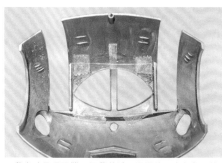

▲黏合時只要用雙面膠帶將透明塑膠片固定在內側就好。儘管光是這樣做就很牢靠了，但若是對強度仍有所顧慮的話，那就藉由在單眼護罩四個角落滴上雙液混合型AB膠來輔助固定，這樣會更妥當。

▲將所有零件都塗裝和施加舊化完畢後，就把各零件給組裝起來，並且用速乾型的流動型模型膠水進行黏合。就算模型膠水多少溶解了一點漆膜也不要緊，只要再施加舊化就能蒙混過去。亞克原本就有著濃厚的工程機具風格，是很適合施加重度舊化的MS，因此儘管進行黏合作業就好。

▲儘管用AB補土強行固定住了推進背包，但從空隙處還是能隱約窺見AB補土。此時不管用什麼性質的塗料都好，總之把該處塗黑吧。只要讓該處有如被陰影遮擋住，也就看不出來是什麼模樣了。

▼為鑽頭部位抹上TAMIYA舊化大師D套組中的燒灼紅、燒灼藍，藉此重現挖掘時受熱變色的狀態，這樣一來會更具寫實感。

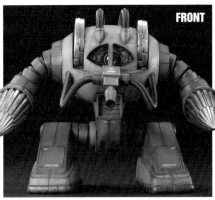

FRONT

SIDE

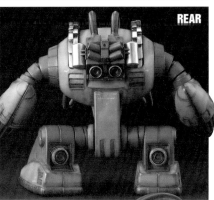

REAR

使用BANDAI SPIRITS 1／100 & 1／144比例 塑膠套件
亞克＋"HGUC"索格克（鋼彈UC Ver.）

　　隨著MG問世，「為早期套件施加升級改造，改良成現代的MG風格！」這種鋼彈模型改造手法也於焉誕生。之前以我的薩克選拔賽為首，在各式大小模型比賽的得獎者中，幾乎都一定會有這類升級改造系的作品。作為躋身高階鋼彈模型玩家的門檻，這也是各方模型玩家認定總有一天要挑戰，懷抱著無比憧憬的製作手法。在早期一年戰爭系列的1／100比例套件中，尚未推出MG的只剩下索格克、亞克凱、亞克這三者。其中又以亞克的造型製作得最為精湛出色，而且還因為短手短腳，有著如同SD的體型，所以成了相當易於升級改造的套件。乍看之下或許會覺得很難，不過只要省下費事的作業，其餘的部分幾乎都能輕鬆地製作完成，花不了多少功夫呢。各位不妨也以這款套件為題材，實現憧憬已久的升級改造大挑戰吧♪

林哲平的妄想設定
雖然亞克是為了進攻賈布羅而試作的，卻也有極少數機體被分派到了世界各地去進行土木工程。這架亞克就是在歐洲戰線確認到的。特徵在於採用了暗黃色搭配德國灰的塗裝，以及配備了與索格克同型號的推進背包。原本以為它早已毀於一年戰爭中，在U.C. 109年時卻偶然地從地下被挖掘出來，也因此蔚為話題……這件範例就是基於前述妄想設定製作而成的。

拼裝製作並非一定要使用到複數套件。一盒鋼彈模型也不是一定只能按照說明書裡的指示來組裝，也可以像積木一樣隨心所欲地替換組裝，藉此製作出獨一無二的原創機體。在此要以「單一套件拼裝製作」為主題，試著拿內部骨架有著極高完成度的MG版薩克II Ver.2.0來替換組裝一番。

BANDAI SPIRITS
1/100 scale plastic kit
"Master Grade"
ZAKUII Ver.2.0 use

單一套件拼裝製作
用MG版薩克II Ver.2.0製作原創機體吧

01 試著將薩克II的骨架給組裝起來吧

▲「MG版薩克II Ver.2.0」（以下簡稱為薩克）的內部骨架不僅表面沒有卡榫暴露在外，也不存在看起來不自然的凹槽，有著本身即可視為一件完整模型的出色完成度，可說是相當精湛的產品。這次要進行的單一套件拼裝製作，正是以這組薩克的骨架為基礎，首先就從把骨架組裝起來著手吧。

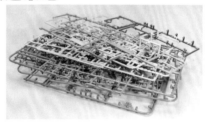

▲單一套件拼裝製作，就是只拿一盒模型裡的物品來拼裝。廢棄框架可以用來打樁和補強，有著多種應用方式，因此在完成之前可別急著丟掉，要好好思考怎麼利用。畢竟框架也是十足的「零件」喔。

▶首先是自由轉動骨架的各個部位，找出能讓自己覺得「這樣很有意思！」的形態。無論是要上下顛倒，還是讓腿部前後反轉，甚至交換組裝零件都行。所謂單一套件拼裝製作，就是不斷刺激想像力，令人開心的製作手法。

◀試過各式各樣的搭配後，發現讓腿部前後反轉的逆向關節形態看起來意外地帥氣。逆向關節在歐美科幻機體等題材中很常見，而且與具備許多細部結構的骨架設計可說是絕配。因此決定以讓腿部呈現這個模樣的方向進行製作。

▶為身體裝上逆向關節腿部來評估均衡感後，為了進一步營造出科幻機體感，於是用腿部飛彈莢艙來取代手臂。以量產型的科幻機體風格來說，這樣的搭配也頗有那麼一回事，不成問題。畢竟沒有必要拘泥於人型，各位不妨也自由自在地試著搭配出令人覺得帥氣的模樣吧。

▶儘管先前搭配的感覺還不錯，但總覺得少了些什麼，於是便試著裝上手臂來看看。話雖如此，照這個模樣來看，給人薩克的印象還是強烈了點。總之先透過試誤法進行多方搭配吧。

▲以身體現有的位置來看，還是像照片中一樣擺出讓胸部往前屈的前傾姿勢會更具科幻機體風格。在思考該如何拼裝搭配時，偶爾也得像這樣把零件拆開來比對一番，像這樣反覆地多方嘗試可說是重點所在。

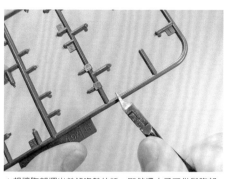

▲想讓胸部擺出前傾姿勢的話，顯然還少了可供與腹部銜接的構造，因此從廢棄框架中剪裁出可作為連接軸的部分。從套件中的廢棄ABS框架上適度地剪裁一部分來使用。ABS框架的強度較高，留一些在身邊備用的話，就算拿來改造一般鋼彈模型也會是十分方便好用的材料。

▲用3mm手鑽在胸部和腹部上鑽挖出連接用的孔洞。要是偏離了身體的中心軸，外觀會顯得很難看，因此一定要謹慎地決定鑽孔的位置。這部分並非一舉鑽挖出3mm孔洞，而是要依序用1mm、1.5mm、2mm、2.5mm來逐步擴孔，這樣才不容易鑽歪。

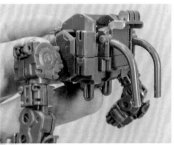

▲從框架上剪裁出屬於轉折處的那部分，用來組裝進3mm孔洞裡。藉此讓讓上端連接著胸部，讓下端連接著腹部，即可將身體固定成前傾姿勢了。為了能支撐住上半身，確保連接強度相當重要，因此要用高強度型瞬間膠牢靠地黏合固定住。

▶讓身體呈現前傾姿勢的狀態。搭配屬於逆向關節的腿部後，看起來已和原本的薩克相差甚遠，整個大幅轉變為科幻機體風格的模型了。廢棄框架並非只能利用筆直的部分，若是能巧妙地運用轉折處之類的部分，那麼更是有助於將零件裝設在各式各樣的位置上。

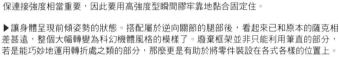

02 試著利用裝甲施加一部的改良吧

▲薩克這款套件中附有一般機，以及設有天線的指揮官機這兩種頭盔零件。將這兩者組合起來的話，就成了蛋形的新零件。這似乎很有利用價值，趕快拿來搭配看看吧。

▲為先前製作成前傾姿勢的胸部在前端加裝帶刺胸甲，然後再放上蛋形頭部零件的話……搭配起來意外地合適呢！於是決定讓頭部和胸部採用這種架構繼續製作下去。

▲為右臂搭配腿部骨架的外裝零件，以及薩克機關槍的槍管，組成了內藏武器式的手臂。由於手掌部位能稍微活動，因此能擺出各式各樣的生動姿勢，可說是能充分表現如同人類的部分。光是把手掌直接用武器來取代，即可營造出非人類且屬於無機物的機械形象。

▲將腿部飛彈莢艙黏合起來，製作成6連裝飛彈發射器，然後裝設在左肩上。相較於分開來設置在雙肩上的左右對稱造型，做成左右不對稱的輪廓會更容易凸顯出屬於人造產物、由機械構成的形象。

▲試著裝上裝甲零件吧。要是裝得太多了，那就看不到精湛的骨架處細部結構了，因此只要裝上最低限度的數量就好。這次選擇用小腿裝甲作為肩甲，大腿裝甲則是作為腿部裝甲。範例中僅使用了薩克的曲面部位零件，藉此為輪廓營造出整體感。其實並不著勉強使用到所有零件，只要謹慎挑選中意的零件來利用就好。

◀經過一番搭配組裝完成了基本的樣貌。薩克的形象已完全不復存在，呈現了骨架外露、充滿機械感的科幻機體風格輪廓。接下來就是將用雙面膠帶暫且固定的零件拆開，進入正規的製作階段了。

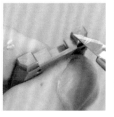

▶讓骨架上留有原本用來連接裝甲零件的卡榫會顯得很不自然，因此用斜口剪把這類部位給剪掉，然後用筆刀將殘留的部分給削平。畢竟是採取簡易製作法，就算不勉強去打磨也行。況且薩克的骨架本身完成度非常高，幾乎沒多少卡榫需要處理。

▲作為肩甲的小腿裝甲若是維持原樣，那麼位於邊緣的零件連接結構會很醒目，因此要用筆刀將該處削掉。把這道作業視為只是削掉尺寸較大的注料口，應該就不會覺得太難了。其實就算省下用筆刀削掉該處的作業，當然也不成問題。

▲新肩甲假如維持現狀會無法裝設到主體上，因此將連接骨架用高強度型瞬間膠牢靠地黏合固定住。這部分用不著想得太難，只要直接讓瞬間膠滲流進去黏合就好。畢竟這是位於零件內側，其實並不醒目，就算瞬間膠溢出界搞得髒兮兮的，完成之後也看不見。

▲新的踝護甲也和新肩甲一樣，要如照片中所示，把原有腳背零件黏合在原有大腿零件的內側。由於其他裝甲零件都是和可動機構無關的部位，因此可以儘管用瞬間膠黏合到骨架上。不過將裝甲零件黏合到主體上時，可別讓瞬間膠流進可動機構裡了，還請特別留意這點。

03 試著為頭部做出精密的造型吧

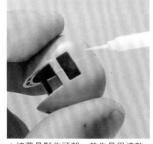    

▲接著是製作頭部。首先是用速乾型的流動型模型膠水將兩者黏合起來。接合線用不著勉強做無縫處理，維持現狀就好。畢竟以現實兵器來說，由兩片零件組成的部位也有可能在中間留下這類焊接痕跡，只要這麼一想，溢膠痕跡也就變得很寫實了呢。

▲頭部裝甲完成了，但內部還是空蕩蕩的。儘管想要經由塞入感測器之類零件來營造出精密感，但是否有適合的零件呢？抱著這個想法找了一下之後，發現薩克機關槍和薩克火箭砲的瞄準器似乎派得上用場！

▲將瞄準器放進頭部裡的狀態。上方為薩克火箭砲的，下方為薩克機關槍的。將這兩個排在一起，看起來就像是眼部一樣。要是沒有眼部的話，無機物感會顯得過重，作為機體的帥氣感也會少了幾分，因此一定要加上這類造型。況且縱向排列的話，看起來也更具機械感呢。

▲將瞄準器之間的空隙用腰部區塊底面零件塞滿，頭頂處開口則是黏貼了膝蓋的圓形結構，這麼一來頭部就完成了。指揮官機的角飾與連接部位不僅顯得像是感測器風格的細部結構，而且左右不對稱造型也成了進一步賦予機械感的點綴。

▲與身體之間也是利用3mm孔洞來連接。在這裡鑽挖開孔，並且用框架來連接。附帶一提，若是覺得用框架來連接很費事，那麼不妨放棄可動性，直接黏合固定住。只要黏合固定住了，就不必考慮可動性和相關的零件拆解方式等問題，會輕鬆許多呢。

04 試著進一步提高完成度吧

▲將胸部處空隙藉由套上推進背包內部骨架的方式遮擋住，但照現況來看，零件會彼此卡住，無法順利裝設好，因此將中央的凸起結構剪掉。製作時其實免不了會遇到這類造成零件卡住的部分，謹慎地進行這方面的調整雖然很單調，卻也是相當重要的作業。

▲胸部的連接方式其實就只是將原有肩甲套在頭部內部骨架上，然後黏合固定住。能夠直接利用內部骨架的連接機構之處，會是讓作業輕鬆一些的加分部分。由於這樣一來也就看不到單眼等內部零件了，因此乾脆拆掉不用。

▲將薩克機關槍的槍托分割開來，並且在中央用3mm框架打樁，作為連接頭部之用。由於兩側還有些空隙，因此塞入腿部動力管用的彈簧管來添加細部修飾。彈簧管可是能凸顯機械感的精湛零件呢。它在套件中是用來穿進塑膠零件裡的，其實意外地好運用呢。

▲將6連裝飛彈發射器藉由原本腰部與側裙甲之間的連接零件組裝到推進背包骨架上。未設置飛彈發射器的另一側就用股關節區塊裝甲來遮擋開口。隨著作業進行，能使用的零件也越來越少，因此到了後半階段時，必須多思考一下該如何運用零件。

▲將右臂以薩克機關槍的槍管為芯，裝上大腿骨架外裝零件和側裙甲的骨架，以及頭部裝甲的下半部和前臂裝甲，藉此在遮擋住空隙之餘，亦一併添加裝飾。槍管底下還加裝了電熱斧的柄部，營造出如同感測器的風格。

▲將後裙甲骨架作為裝飾黏合至銜接胸部和腹部的地方。薩克火箭砲的掛架部位則是直接保留下來，使該武器能掛載在這裡。呈現前傾姿勢容易往前倒，因此若只將薩克火箭砲設置此處，重心會較易於取得平衡，便於獨立站穩。

▲由於薩克火箭砲的瞄準器已經被使用掉了，因此在空隙處裝設掛架的外裝零件加以遮擋。「該如何遮擋或填滿看起來不自然的空隙才好？」這是進行單一套件拼裝製作時的首要重點所在。

05 大致完成

▲這是組裝完成的狀態。儘管是拿單一套件來拼裝製作，整體形象卻已經跟原有的薩克截然不同了。做到這個階段就視為大功告成當然不成問題。不過為了讓單一套件拼裝製作的成果能顯得更精緻，接下來要說明如何輕鬆地施加塗裝的方法。

06 試著經由塗裝營造整體感吧

▲要是維持成形色不變的話，即使外形改變了，薩克本身給人的印象也還是會殘留下來。因此要試著藉由塗裝來改變整體形象。首先是將所有零件都組裝起來，然後用TAMIYA噴罐的木甲板色來為整體噴塗上色。

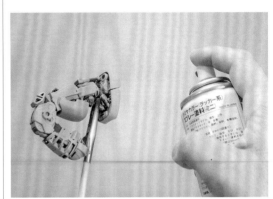

▲等塗料乾燥後，將手腳拆解下來，並且彎曲起來，藉此讓先前沒被噴塗到的部分能露出來，然後再度進行噴塗。這樣一來就能花最少的功夫將整體塗裝完成了。

07 試著黏貼機身標誌與施加水洗吧

▲整體都是褐色未免單調了點，因此無論選用哪種塗料都好，用筆塗方式描繪出敵我辨識帶。

▲為了凸顯屬於兵器的形象，可以黏貼機身標誌水貼紙。這次是從「鋼彈水貼紙 No.17 吉翁軍MS用1」中挑選圖樣來黏貼。相較於帥氣感，這次主要是想凸顯出土氣的兵器感，因此選用了屬於第二次世界大戰時期機鼻藝術風格的圖樣。

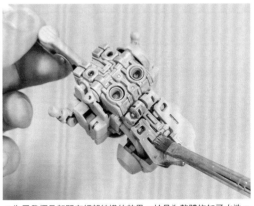

▲為了發揮骨架既有細部結構的效果，於是為整體施加了水洗。不過就算是拿琺瑯漆對ABS骨架施加水洗，造成零件劣化破裂的風險也還是很高，因此基於保險起見，這次是用TAMIYA壓克力水性溶劑來稀釋水性HOBBY COLOR的消光黑＋紅棕色後，再滴入魔術靈來提高研展性，然後才拿來塗佈在整體上。

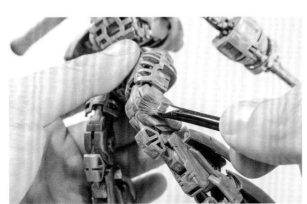

◀最後是為整體抹上TAMIYA舊化大師，藉此營造出久經使用，蒙上了滿滿滿塵埃的感覺。將較明亮的顏色塗抹在稜邊上時，可以凸顯出細部結構的模樣，得以將其備高精密度細部結構的骨架把魅力發揮至最大極限。為腳邊抹上多種土色系的顏色後，看起來也會顯得更具寫實感喔。

column
不要使用過於具有特色的零件
▶護盾、尖次、彈鼓等部位是用來表現薩克本身角色個性的重點所在。但想要經由單一套件拼裝製作來做出獨一無二的原創機體時，要是使用了角色個性過於強烈的零件，那麼會導致聯想到原本的機體，之後不管怎麼看都只會留下這種印象。因此過於具有特色的零件反而不要使用，這也是製作手法的訣竅之一，請各位務必銘記在心。

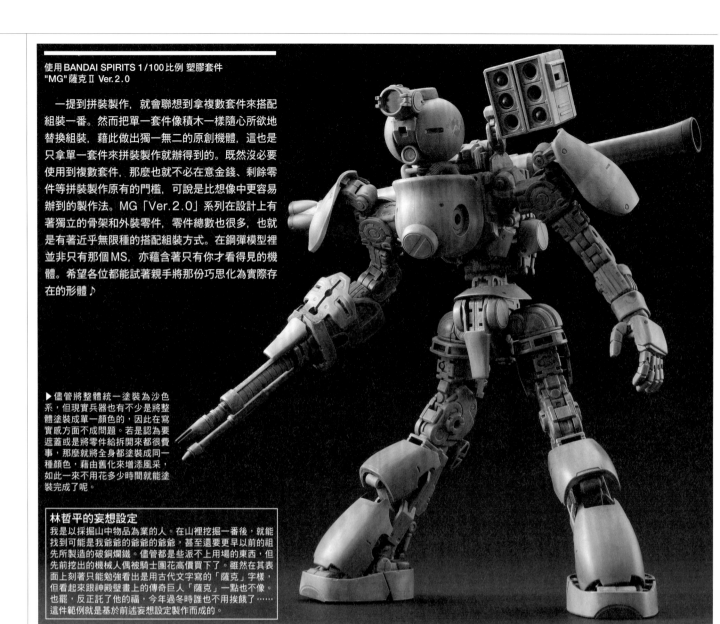

使用BANDAI SPIRITS 1/100比例 塑膠套件
"MG"薩克Ⅱ Ver. 2.0

　　一提到拼裝製作，就會聯想到拿複數套件來搭配
組裝一番。然而把單一套件像積木一樣隨心所欲地
替換組裝，藉此做出獨一無二的原創機體，這也是
只拿單一套件來拼裝製作就辦得到的。既然沒必要
使用到複數套件，那麼也就不必在意金錢、剩餘零
件等拼裝製作原有的門檻，可說是比想像中更容易
辦到的製作法。MG「Ver. 2.0」系列在設計上有
著獨立的骨架和外裝零件，零件總數也很多，也就
是有著近乎無限種的搭配組裝方式。在鋼彈模型裡
並非只有那個MS，亦蘊含著只有你才看得見的機
體。希望各位都能試著親手將那份巧思化為實際存
在的形體♪

▶儘管將整體統一塗裝為沙色
系，但現實兵器也有不少是將
整體塗裝成單一顏色的，因此在寫
實感方面不成問題。若是認為要
遮蓋或是將零件給拆開來都很費
事，那麼就將全身都塗裝成同一
種顏色，藉由舊化來增添風采，
如此一來不用花多少時間就能塗
裝完成了呢。

林哲平的妄想設定
我是以採掘山中物品為業的人。在山裡挖掘一番後，就能
找到可能是我爺爺的爺爺的爺爺，甚至還要更早以前的祖
先所製造的破銅爛鐵。儘管都是些派不上用場的東西，但
先前挖出的機械人偶被騎士團花高價買下了。雖然在其表
面上刻著只能勉強看出是用古代文字寫的「薩克」字樣，
但看起來跟神殿壁畫上的傳奇巨人「薩克」一點也不像。
也罷，反正託了他的福，今年過冬時誰也不用挨餓了……
這件範例就是基於前述妄想設定製作而成的。

FRONT

RIGHT

▼頭部能利用原套件所具備的可動機構來轉動方向。能像這樣做出人類辦不到的動作，更能凸顯出屬於無機物的戰鬥機械形象。

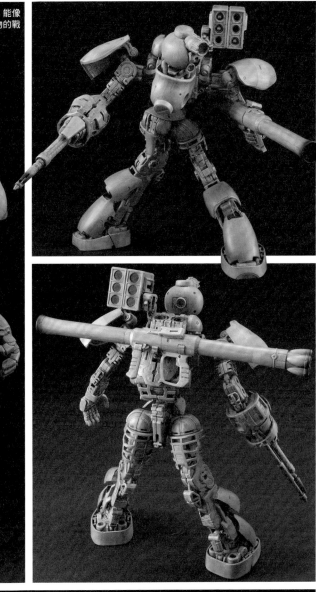

LEFT

REAR

拼裝製作並非一定只能拿塑膠套件當作材料。其實身邊的所有物品都能作為材料拿來拼裝一番。在此要以「百圓商店物品拼裝製作」為主題，利用在百圓商店就能買到的雜貨類商品作為主要材料，回歸童心自由自在地製作一番。

百圓商店物品拼裝製作
利用身邊雜貨類商品製作1/100凱特爾吧

01 百圓商店物品拼裝製作的基礎工作

▲首先是仔細看看凱特爾的設定圖稿，然後在身邊找找是否有相似的物品可利用。儘管圓筒形的頭部深具特色，但只要把平時偏好使用的特製消光TOPCOAT罐身給上下顛倒，形狀看起來似乎就剛剛好呢。接著就是以這個部分為基礎來決定整體架構。只要先確定要拿什麼零件作為基準，再來就很易於掌握住整體的均衡感了。
※為了安全起見，一定要先把噴罐裡的壓縮氣體都放光，才能拿來使用。

▲將女性用化妝品的盒子黏合在罐身底下，作為單眼部位的基礎。不過以盒子的原樣來看，顯然會被底面用來噴出塗料的噴嘴卡住，必須先挖出能套在該處上的孔洞才行。有別於塑膠套件，日用品其實製作得很堅韌，因此只靠手鑽和筆刀是無法輕易地削出開口的。此時能派上用場的，就屬電烙鐵了。它能經由融解零件進行加工，用不著施力就能輕鬆地挖出開口。不過樹脂材質被融解時會產生有毒氣體，作業時一定要戴上口罩，並且保持作業空間的通風良好。儘管價格多少會貴一點，不過選擇有溫度調節機能的電烙鐵會比較方便好用。筆者就偏好使用白光株式會社設有溫度調節用旋鈕的型號。

▲為了能將金屬、PP（聚丙烯）、ABS、PET樹脂等各式各樣的相異材質給牢靠地黏合起來，必須使用AB膠（環氧系膠水）才行。它在硬化後會呈現橡膠狀，能夠憑藉其彈性吸收衝擊力道，因此需要負荷重量的基礎部位便用它來黏合。將它的主劑和硬化劑以相同分量混合均勻後，即可用牙籤沾取來塗佈在黏合部位上。

▲將主劑和硬化劑充分攪拌均勻。AB膠是一種經由將雙劑混合引發化學變化後，才會硬化的膠水。要是在這個階段沒有攪拌均勻，就會造成硬化不良的狀況，導致無法發揮應有的黏合力。

▲用牙籤沾取AB膠塗佈在黏合部位上。AB膠多半都附有抹刀，但用來塗佈在細部時，不管怎麼塗佈都很容易溢出界，因此筆者偏好使用牙籤來塗佈。要是塗出界了，或是沾到不必要的地方，那麼請立刻用面紙大致擦掉，黏呼呼之處也只要趁著硬化前用沾取了琺瑯系溶劑的面紙用力擦拭掉就好，這樣即可補救到幾乎看不出來的程度。

▲將零件黏合起來後，要以不會讓零件偏開位置的方式固定住，直到AB膠硬化為止。儘管每款AB膠的硬化時間都不盡相同，但以百圓商店物品拼裝製作的狀況來說，基於兼顧保留微調位置的時間，以及作業速度方面的考量，建議選用5分鐘左右就會硬化的產品會比較方便。筆者個人通常是選用硬化時間為5分鐘，單位價格較便宜，量也比較多的商用款產品ALTECO製F-05。

▲頭部的基礎製作完成後，接著要做出下半身的基礎。凱特爾下半身是像飯糰一樣向上隆起的穹頂狀。是否有形狀相似的物品可用呢？到百圓商店找找看之後，在大創百貨玩具賣場裡發現有款女童取向吸塵器的形狀剛剛好。由於凱特爾和索克一樣，屬於正反兩面幾乎一模一樣的造型，因此便買了2台以備製作正面和背面用。

▲按保留原狀的話，吸塵器的軟管會很礙事，於是便拿初步修剪用斜口剪將它剪掉。其實軟管和前端的造型就細部結構觀點來看頗具魅力，基於後續的作業考量，暫且保管起來不要丟掉。進行百圓商店物品拼裝製作時，有不少零件出人意料地在後續作業中會派上用場，因此在完成前最好先把「應該用不到了吧？」的零件給保留下來。

▲將吸塵器主體拼起來後，發現一如預料，拿來做成凱特爾的腰部一帶剛剛好。不過吸塵器為聚丙烯材質製品。由於那是一種以不易沾附汙垢為特色的材質，因此若是按照一般方式來黏合，那麼就算使用的是AB膠也可能會剝落。尤其這裡是要作為下半身基座的部位，屬於需要負荷力道的部分，要是無法牢靠地黏合固定，完成後就會有瓦解開來的風險。

▲由於得把聚丙烯彼此黏合起來，在黏合力方面頗令人有所顧慮，因此乾脆試著用打樁固定的方式來牢靠地黏合固定。首先是用電烙鐵挖出可供軸棒穿過的孔洞。聚丙烯本身是很有韌性的堅固材質，想要用手鑽靠手工方式鑽挖開孔是極為困難的，不過只要用電烙鐵就能輕鬆地經由融解零件挖出開口了。

▲選用具有高強度的8mm黃銅管作為黏合補強用軸棒。不過它也很硬，無法靠著筆刀和模型用鋸子來截斷，必須選用截管器這類專屬工具才能裁切成適當長度。使用方法很簡單，只要夾著黃銅管慢慢轉動即可。由用截管器來裁切塑膠管等材料也很方便，因此買一個來使用對於做模型來說會大有助益。

▲削挖出開口後，將8mm黃銅管裝進去，接著用大量AR膠把兩台吸塵器給牢靠地黏合固定住。儘管對於把聚丙烯彼此黏合起來一事，在黏合力方面頗令人有所顧慮，不過若是用金屬的話，就能牢靠地黏合固定住了。而且在開口裡頭硬化的AB膠卡在那裡，使黃銅管無從被拔出來，因此就算用力去拉也不會被剝開。

▶以黏合起來的吸塵器為底座，做出能夠一路連接至頭部的身體基本骨架。這部分選擇了單眼裡頭那種女性用化妝品盒子的大尺寸版本為材料，並且經由堆疊多個製作出來。由於是易於用膠水黏合的塑膠製品，再加上屬於圓筒形這種平凡的形狀，而且還便於經由堆疊、切削來調整尺寸，因此可說是進行百圓商店物品拼裝製作之際不可或缺的方便材料。

▲僅將化妝品盒子堆疊起來的話，很容易會偏開位置，必須用高強度型瞬間膠黏合固定住。但要是所有零件都用AB膠來黏合固定，在金錢、時間、使用量等方面的花費都會很高。因此若是不必負荷力道的部位，或適合用一般膠水黏合的地方，就儘管用瞬間膠來黏合，作業起來也會比較快。搭配噴罐版瞬間膠硬化促進劑使用的話，更是能大幅提高作業效率喔。

▲身體的基礎部分需要負荷整體重量，可說是極為重要的地方。以會大量使用到相異材質的百圓商店物品拼裝製作來說，要是弄壞了這個部分，那麼完成後就有可能稍微碰一下就會散得七零八落。因此一定要確實地打樁固定。首先是為了將先前黏合起來的女性用化妝品盒子給挖穿，於是用電烙鐵挖出可供軸棒穿過的開口。

▲用吸塵器做出的腰部也要挖出開口。這裡很重要，要挖出兩個開口。儘管只設置1根軸棒姑且也還算行得通，但可能會發生上半身以此為支點轉個不停的狀況，進而導致零件剝落或缺損。不過只要改為雙點固定式，即可靠著另1根軸棒扣住零件，避免發生上半身轉動而損壞零件的狀況。

▲這是黏合前的狀態。接著要用2根8mm黃銅管為化妝品盒子打樁，並且用AB膠黏合固定住。這樣一來即可做到百圓商店物品拼裝製作的首要重點，亦即確保強度一事。畢竟以使用相異素材來做模型的情況來說，最重要的就在於確保強度。

02 肩部的架構

▲做出身體的基本骨架後，接著要製作肩部。由於凱特爾共有4條手臂，因此肩部所負荷重量是一般MS的2倍，確保這裡的強度自然也十分重要。在找找看是否有合適的零件之後，發現女性用燙髮捲在細部結構、尺寸雙方面似乎都能派上十足的用場。

▲直接黏合燙髮捲的強度顯然不夠，因此要用8mm黃銅管在內側打樁。這部分和身體一樣，先用電烙鐵挖出開口，再用AB膠牢靠地黏合固定住。這時若是沒讓軸棒保持水平，那麼加上外裝零件後，肩部就會變得一高一低，因此在黏合前要將軸棒微調至呈現水平狀。

▲就現況來看，燙髮捲內徑和黃銅管外徑並不吻合，無法剛好固定套住。由於零件晃動會影響到強度，因此要經由用黃銅棒纏繞遮蓋膠帶來增粗，並且調整到一把燙髮捲套到底就能固定住的程度，然後利用充分地滲流高強度型瞬間膠來黏合固定住。

▲肩部外裝零件就用養樂多瓶來製作。養樂多瓶既輕盈又易於加工，還有著頗具機物風格的葫蘆狀外形，因此很適合用來製作引擎、增裝燃料槽、噴射口等各式各樣的零件，可說是超方便的材料。筆者平時就有在喝，並且把瓶子保存下來備用，而受惠於益生菌的效果，筆者肚子的狀況也好了許多，相當推薦比照辦理喔（笑）。

▲用筆刀將需要使用到的部位給分割開來。養樂多瓶屬於很好加工的材料，一下刀就能輕鬆地削開來。當然也可以改用剪刀來剪裁，總之請挑選適合自己的方式進行裁切作業吧。

▲將養樂多瓶套在燙髮捲上作為外裝零件。不過兩者之間的空隙比想像中更大，就算多使用一點AB膠也會從空隙處露出來。因此先藉由填塞AB補土加以固定，等AB補土硬化後，再經由滲流高強度型瞬間膠牢靠地黏合固定住。

▲試著為主體與手臂之間的空隙設置細部結構，營造出更具機械感的造型吧。對百圓商店物品拼裝製作來說，最為方便好用的細部修飾材料，就屬大創百貨的拉鏈耳機了。拉鏈部位可以作為蛇腹狀結構，耳機線作為網紋線，耳機本身亦能當成感測器或噴嘴之類部位使用，僅花百圓左右就能用來做出如此多樣化的細部結構呢。

▲為養樂多瓶與燙髮捲之間的空隙纏繞上拉鏈並黏合固定住。該拉鏈為塑膠製品，拿初步修剪出斜口剪就能輕鬆地剪斷，而且也能用高強度型瞬間膠來黏合，只要從縫隙處充分滲流進去即可黏合固定住了。

▲肩部外裝零件也是用養樂多瓶來做。這裡是上下兩側都得裝設手臂的部位，不過若是純粹地削挖出開口，並且把手臂裝設進該處，那麼顯然會欠缺美感，因此要製作出連接基座，讓手臂看起來像是從該處延伸出去的。首先是黏貼在大創百貨買的大型撞釘附屬金屬環，上下兩側都要用瞬間膠黏合固定住。為了讓它能密合黏貼在曲面上，因此要用手指稍微用力壓彎。

▲用電烙鐵在金屬環內部挖出開口，如此便完成肩部外裝零件了。養樂多瓶要是用手鑽之類的工具來鑽孔，就會因為厚度較薄，受壓力就很容易產生扭曲變形。不過只要改用融解方式來削挖，即可在幾乎不施力的情況下挖出開口，也就不會造成扭曲變形了。

▲將完成的外裝零件套在肩部上，這樣就大功告成了。從這個零件與身體那邊之間的空隙可以窺見到拉鏈製細部結構，確實營造出了該處「可以活動」的機械感呢。另一側也比照相同要領進行製作吧。這種情況，那就經由適當塗佈瞬間膠來增粗吧。

▲為使用化妝品盒子做出的單眼基座纏繞上拉鏈，並且用高強度型瞬間膠黏合固定住，藉此製作出單眼軌道。由於凱特爾的單眼尺寸設計得相當大，因此最後共纏繞了2條拉鏈。為了讓大型單眼的活動機制能顯得自然一點，對基座粗細進行調整也是必要的。

▲為了製作胸部外裝零件，從大創百貨的免洗咖哩餐盒上裁切出所需的部分。這種CF材質是相當柔軟的發泡聚苯乙烯系材質，用剪刀就能輕鬆地剪開、進行加工。這種餐盒價格便宜，就算失敗了也能毫無負擔地從頭來過呢。由於凱特爾的正面和背面幾乎都是相同造型，因此裁切出2份來使用。

▲就現況來看，用咖哩餐盒裁切出的零件欠缺可供黏合之處，想要一舉用膠水固定會相當困難，因此先在內側黏貼雙面膠帶，以便暫且固定在主體上。雙面膠帶貼得越多，與主體之間的接觸面積也會越多，這樣有助於後續的作業。

▲只靠雙面膠帶會很難調整位置，於是便在內側黏貼了免刀割布紋膠帶，藉此補強與調整位置。接著為了能在胸部背面的內側填塞零件，因此像這樣適度地黏貼了膠帶，畢竟這裡到了最後根本就看不見，也就完全不成問題了。總之要以便於作業和製作速度為優先。

▲用膠帶決定位置後，從內側用AB膠進行黏合，將胸部外裝零件給固定住。由於從外側根本看不見黏合部位，因此難以調整位置的零件就姑且先用膠帶黏著，之後再用膠水黏合固定住，這樣才能有效率地進行作業。

◀主體基本架構完成的狀態。看起來很像個頭頗高的稻草人，確實十分符合凱特爾應有的輪廓呢。採用百圓商店物品拼裝製作方式做MS時，能夠更加貼近設定中造型的訣竅，其實在於比起講究細部的模樣，不如著重在營造出整體的輪廓。事先列印出較大張的設定圖稿，並且黏貼在工作桌旁，這樣一來只要在製作之際不時轉頭來看，自然而然地就會記住它的模樣，做出來的成果肯定也會很像囉。

03 製作手臂的基礎架構

▲繼主體之後，接著要製作凱特爾的特徵，也就是4條手臂。凱特爾的手臂是純粹地由圓筒形所組成，可供製作的日用品相當多，於很容易做的部位。不過當真全部用圓筒形物品來製作的話，以立體產物的觀點來看會有少了點變化，因此將上臂改用有著和緩稜邊的立方體形牙刷頭保護套來製作。為了在內部用黃銅管打樁，同樣要先用電烙鐵削挖出開口。

▲在牙刷頭保護套與化妝水瓶的中心用8mm黃銅管打樁連接起來，手臂的基本架構就幾乎完成了。但還先別急著黏合，姑且用雙面膠帶暫時固定住，以便確認與主體之間的均衡感如何。儘管在尺寸上沒有問題，但手臂直挺挺的，看起來不像可以活動的樣子，給人不夠自然的印象。雖然只要經由折彎黃銅管做出像是關節彎曲的模樣就好，但想要徒手折彎這麼粗的金屬管，其實是相當困難的。

▲想要折彎較粗的金屬管時，靠專用工具來處理是最佳選擇。照片中是名為彎管器的工具，這原本是用在設置水管工程者作業的，卻也能夠用來把較粗的金屬管折彎成任意角度，是種很厲害的工具。價格不貴，卻極為堅固牢靠。再加上還設有量角器可供測量角度，因此能自由調整打算折彎的角度，可說是相當方便呢。

▲將8mm黃銅管放置到定位，然後逐漸折彎。一開始需要稍微用點力，不過接著就靠槓桿原理發揮了，就算是堅固的金屬管也用不著強行施力即可折彎喔。由於有量角器可供測量角度，因此能自由調整需要折彎的角度，使用起來相當方便呢。

▲將黃銅線折彎的狀態。要是強行施力折彎金屬管的話，折彎處會被壓壞，不過只要使用彎管器來處理，即可在無損於外形的情況下折彎了。

▲將金屬管折彎後重新連接起來的狀態。與一開始直挺挺的模樣相較，手臂確實顯得像是能夠活動，化解了原本的僵硬形象，呈現了很自然的模樣。儘管要用這種方式做出共計4條手臂，但每條手臂最好都參考設定圖稿來分別調整彎曲角度，這樣看起來會更為相似。

▲確定手臂的彎曲角度後，即可將各部位黏合起來。以牙刷頭保護套這類大尺寸的區塊來說，為了確保強度起見，確實該用AB膠來黏合沒錯。不過遇到需要在手肘上黏貼撞釘作為關節狀細部結構這類狀況時，用瞬間膠就能黏合的小零件最好是用高強度型瞬間膠搭配噴罐版瞬間膠硬化促進劑黏合，這樣會更易於迅速完成作業。

▲凱特爾的手掌屬於工程用鉗夾型機械手。在此要拿縫紉機用的梭芯來製作該部位基座。由於該處是需要負荷力道的部位，因此作為手腕芯部的黃銅管要用AB膠牢靠地黏合固定住。在AB膠硬化前要得是一直用手捏著輔助固定，那麼會相當辛苦，最好是改用遮蓋膠帶來暫且固定住，直到確定硬化為止。

▲用高強度型瞬間膠將香菸濾嘴和夾子黏貼在梭芯上，藉此做出鉗夾型機械手。雖然凱特爾有4條手臂，但只有其中2條是這種雙鉗型的鉗夾型機械手，因此只要製作2個就好。

▲在凱特爾的4條手臂中，亦有屬於4鉗型的鉗夾型機械手。這部分就從大創百貨的拋棄式刮鬍刀取用握柄來製作吧。首先是拿初步修剪用斜口剪把刮鬍刀頭部位給剪掉，然後調整尺寸。刮鬍刀頭可以拿來製作散熱口和風葉，是能派上不少用場的零件，因此可別丟掉，要好好保管起來。

▲在梭芯兩側黏貼大型撞釘，然後如同照片中所示，在這兩者之間黏貼拋棄式刮鬍刀的握柄。金屬和刮鬍刀握柄都是能夠用瞬間膠黏合的材料，因此只要用高強度型瞬間膠來黏合固定，基本上就不太會損壞，不過要是從桌上掉落到地面了，那麼還是會破損的，還請務必要留意這點。

▲用重疊2顆子母扣的方式製作出關節部位，前端也重疊用刮鬍刀握柄做出了指節。最前端鉗夾是用插座保護蓋的前端、塑膠製叉子的前端拼裝搭配而成。手腕兩側的大型撞釘開口則是經由黏貼大型子母扣來填滿。藉此處理成圓形結構風格後，不僅更具機械感，看起來也更像是「能夠活動」的造型了。

▲左手就做成火焰噴射器吧。如照片中所示，槍管和槍口會用長頭打火機的延長導管來製作。只要將嵌組在打火機主體上的部分給拆開後，其實就能輕鬆地分解開來。由於內含點火用的可燃性燃料，因此處理時一定要格外謹慎。該液狀燃料本身有高度揮發性，在留意不要吸入之餘，亦要用面紙之類物品吸取乾淨，然後放進塑膠帶裡慎重地處分掉。

▲左手製作完成。由於長頭打火機本身就是小型的火焰噴射器，因此內部的點火裝置等處在造型上都寫實極了！看了凱特爾的設定圖稿後，發現左手上有數根圓筒形的凸起物，於是便用瞬間膠的蓋子和香菸濾嘴也黏貼在左手上，並且用裁切自咖哩餐盒的零件黏貼於該處空隙作為裝飾，讓這裡看起來頗有那麼一回事。

04 試著添加點綴作為完工修飾吧

▲手臂完成後，接著是對細部進行調整的主體完工修飾階段。凱特爾在設定中是靠著氣墊裝置行進，在設定圖稿中可以看到腰部底下設置了類似大型噴射口的構造。在此要試著重現該部分。首先是為了做出與設定圖稿中相近的造型均衡感，因此將2個特製消光TOPCOAT的蓋子擺在腰部底下試看。

▲在找了一下是否有外形剛好類似噴射口的物品可用後，發現平時塗裝之際會用到的紙杯恰巧十分合適。將下半部剪裁掉之後，如照片中所示地上下顛倒設置，這樣一來就成了大型氣墊組件了呢。之所以用疊合2個杯子的方式來做出一具，用意在於經由重疊杯口的環狀部位來增添視覺資訊量，以便給人更具機械感的印象。

▲就現階段來看，紙杯會整個暴露在外，於是藉由裁切咖哩餐盒做出外側裝甲。由於可供黏合的餘白部位並不多，因此先用雙面膠帶暫時固定住，再用膠水進一步黏合起來。雖然還留有一些很不自然的較大空隙，卻也只要從其他咖哩餐盒裁切出適當的零件黏貼在該處加以掩飾即可。

▲胸部之前只是套上了外裝零件，內側還是空蕩蕩的。為這類地方塞入具有機械感的細部結構，經由營造出可活動的形象來提高寫實感，這才是成熟模型玩家該做到的水準。找了一下是否有合適的物品可用後，發現先前拿吸塵器製作腰部後所剩下的吸頭剛好可以用來塞進該處。

▲將吸頭黏合到胸部內側。但維持吸頭原樣的話，高度會有所不足，於是又找了其他形狀恰當的日用品先將內側給墊高。既不用負荷力道的部位，亦是完成後看不到的地方，那麼只要做個大概就好，這也是百圓商店物品拼裝製作最為輕鬆之處。

▲還空著的縫隙就在拿吸塵器用軟管、拉鏈、耳機線、夾子、電子零件等物品裝飾，亦盡可能地予以填滿、遮擋。由於使用了各式各樣的物品，材料之間的空隙還蠻大的，不過這類部位也只要設置耳機線之類的繩狀物品，即可當作裝在該處的動力管或配線，得以輕鬆地裝飾空隙部位，同時提高如同機械般的密度感。

▲凱特爾在腰部後側設有一個大型噴射口。這部分就先從養樂多瓶裁切出頂端的瓶口一帶，再為內側黏貼化妝品盒子的蓋子和大型撞釘，藉此做成多層構造式大型噴射口。由於養樂多瓶和撞釘的邊緣都很薄，因此能輕鬆地製作出如同真正火箭般寫實的噴射口。

▲將噴射口黏合到主體上。儘管用來製作噴射口的材料都很輕盈，但吸塵器本身是難以用膠水黏合的聚丙烯材質，因此必須和手臂還有身體內側一樣，先用電烙鐵削挖出開口，再用黃銅管為內側打樁補強。

▲該噴射口周圍還設有方盒形的零件，因此試著藉由裁切牛奶盒來做出該部位。牛奶盒的紙不僅堅韌，也很易於加工，在進行百圓商店物品拼裝製作時，經常會作為塑膠板的替代品而派上不少用場。在手邊留個3盒備用會很方便喔。

▲把用牛奶盒裁切出的零件放在實際位置上比對形狀。這部分不可能一舉做得剛剛好，一定得反覆試作，再從中挑出最好的零件來使用，這才能是順利製作好的訣竅。因為牛奶盒算不上是多高價的材料，所以就算做壞了也不會有什麼損失，即使反覆重新製作也不會有太大的壓力。

▲噴射口一帶完成的狀態。由於牛奶盒很難用膠水來固定，因此要先用雙面膠帶和兔刀割布紋膠帶來組成箱形，再從不起眼的內側用AB膠固定住，然後從縫隙處滲流瞬間膠進一步黏合固定。「用膠帶來固定紙類」這個基本原則和小學美勞幾乎完全相同。另外，在噴射口上方還用刮鬍刀頭製作了排氣散熱口，周圍的空隙也用耳機等物品塞滿作為裝飾。

▲凱特爾的頭部搭載有大型雷達，再來要試著做出這個部分。頭部本身是拿特製消光TOPCOAT的金屬罐來呈現，想要在金屬上削挖出開口，還要直接黏合既大又重的雷達，這樣在強度方面顯然頗令人擔憂。因此先裁切出紙杯的底部裝在該處作為雷達座，並且在中央裝設撞釘來構成雷達的基礎。

▲以先前製作手腕的縫紉機用梭芯為基礎，在左右兩側黏合於居家用品賣場買到的NICHIFU製CE型連接端子。接著把小型化妝品盒的蓋子黏貼在中央，進一步疊合黏貼大型子母扣來做出雷達碟，完成雷達的基本架構。

▲試著放上雷達後，發現紙杯製底座看起來意外地空蕩蕩的，因此便塞入零件來添加細部修飾。這方面試先配合圓周設置一圈拉鏈，再為內側排滿大量的小型子母扣。這些零件都是用高強度型瞬間膠來黏合固定住。

▲雷達製作完成。以先前做出的架構為基礎，黏合了各式各樣的零件後。往右側延伸出去的面板，其實是大創百貨的塑膠製叉子握柄。不過原本的模樣太過平坦，於是在內側黏貼了刮鬍刀的刀刃保護部位作為支架，更黏貼了2根齒間刷做成往外凸出的結構。由於齒間刷前端為細長的凸起狀，因此令整體看起來有如活躍於第二次世界大戰時期的德軍夜間戰鬥雷達，營造出了精湛的寫實感。面板另一側軸向也藉由疊合2顆撞釘添加了細部修飾，梭芯背面更是黏合了香菸濾嘴和耳機插頭，藉此製作成往後延伸出去的形狀，使整體造型能更像是雷達。

▲頭部維持金屬罐原有的模樣會顯得單調，但想要在金屬表面黏貼細小零件又會很費事。因此乾脆試著貼上幾片兒童用的名牌標籤貼紙。這樣看起來就像是由許多片多裝甲板構成，還不必自行刻線就能輕鬆地呈現紋路。儘管黏合力較低的標籤貼紙會顯得有些格格不入，但反過來將它們視為鑲嵌在表面上的裝甲板，看起來就格外寫實了呢，各位不妨也拿各式各樣的標籤貼紙來試試看喔。

▲最後是要製作單眼一帶。凱特爾的單眼護欄為雙層構造，若是想要重現設定圖稿中的形象，那麼就得多下點功夫才行。首先是把紙杯的底部挖穿，然後黏合在單眼的下側，接著為其內側塞入耳機線、拉鏈、子母扣等材料，為這個在完成後也看得到的地方添加細部修飾。

▲凱特爾的單眼護欄在中央部位會稍微往內凹，因此一根護欄是由兩層零件所構成的。找了一下是否有可以重現這點的物品後，發現在居家用品賣場買到的株式會社OHM電機用束帶「庭園彩色束帶」能派上用場，其最前端的彎折處正好與該造型一樣呢。

▲拿初步修剪用斜口剪將庭園彩色束帶剪裁成短條狀，使尺寸能符合需求，然後黏合固定在四個角落作為單眼護欄。由於為尼龍製品，因此用瞬間膠就能黏合固定住了。單眼護欄是一旦有所歪斜就會很醒目的部位，在黏合固定時一定要仔細比對周圍的位置，這樣完成後才會顯得夠美觀。

▲再來是製作單眼。單眼可說是象徵吉翁系MS魂魄所在的部位，是一定得製作得精密些的關鍵性構造。在此選用「製作家零件HD 1/100 MS尖次01」的基座零件來進行製作，並藉由反過來裝設，設置於內側的細部結構。鋼彈模型的零件本身都極為精密，適度運用在重點部位上的話，即可一舉令整體形象變得更為精緻。

◀僅直接黏合MS尖刺的零件會顯得很突兀，因此先將在大創買的布鈕扣卸反過來放，再為其內側裝入反過來設置的MS尖刺基座零件，然後整個用AB膠黏合固定在以拉鏈製作出的單眼軌道上。單眼一旦位置偏開了，呈現的表情也會跟著改變，所以為了避免位置在硬化過程中偏開了，必須勤於進行微調和檢查。

▲黏合單眼之後，將紙杯的邊緣裁切下來，並且黏貼在如照片中所示的位置上，構成雙層單眼護欄。最後是在單眼前方黏貼用庭園彩色束帶做出的單眼護欄支柱，這樣一來單眼一帶就完成了。儘管這個部位稍微有點複雜，不過只要肯花點心思，即可在身邊找到許多出乎意料地能派上用場的物品，希望各位也試著思考一下各式物品的不同用途喔。

▲主體完成後，用雙面膠帶將4條手臂暫且固定在主體上，以便進行最後的確認。要是在這個階段就黏合固定住，那麼塗裝時該怎麼持拿和固定就費事多了。因此手臂要等塗裝完後再用AB膠黏合到主體上。另外，若是發現了顯得不自然的空隙，就要趁著這個階段塞入耳機線之類物品並黏合固定住作為掩飾。凱特爾本身是經由連接許多簡形零件構成的簡潔造型，只要花點心思找找百圓商店的商品或身邊物品，即可像這樣輕鬆地製作出來。

05 經由施加簡單的科幻風格塗裝來營造出寫實感吧

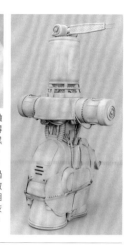

▲由於使用到了聚丙烯和金屬等各式各樣的材質，因此按照一般方式塗裝只會讓塗料難以附著。為了提高塗料的咬合力，在此先對整體噴塗屬於汽車用塗料打底劑的Holts製保險桿打底劑作為底漆。視材質而定，有些物品的表面可能會被溶劑給稍微溶解，但這樣在舊化時反而能營造出「韻味」，所以用不著在意，儘管噴塗就是了。

▶選用Mr.細緻黑色底漆補土1500來噴塗整體作為底色。因為使用到了許多相異材質，導致各個部位本身的顏色都不盡相同，甚至視材質而定，有些部位這很容易透光。所以要先將整體統一成黑色的，這樣不僅能避免透光，還能化解屬於日用品的輕盈感，更可賦予完成品既紮實又深具機械風格的厚重感。

▲▶接著是為黑色的底色表面噴塗Mr.細緻灰色底漆補土。此時不著將整體塗裝得相當均勻，甚至要刻意透過來殘留一些底下的黑色，也就是要刻意塗裝不均勻。這樣一來，在藉由殘留一部分黑色來凸顯重量感之餘，亦能避免本身的簡潔形狀令各個面顯得過於單調，達到為整體提高視覺資訊量的效果。由於Mr.細緻漆底補土系列的遮蓋力相當高，因此就算先塗裝了底色再用它塗裝灰色，想要讓整體呈現灰色也用不著1個小時。

▲塗裝灰色後，為整體噴塗特製消光TOPCOAT，做出易於讓舊化材料附著在表面上的消光透明漆層。已經噴空的罐子不用急著丟掉，可以先留下幾罐，畢竟在日後的作業中還有可能派上用場，因此先放個幾罐在身邊會比較方便。

▲處理成消光質感後就可以進入舊化階段。首先是為Mr.舊化漆的多功能黑加入少量多功能灰和地棕色，接著用溶劑稀釋，然後用平筆沾取將塗佈在整體上進行水洗。基本上要用筆尖將殘留在表面上的塗料順著重力作用方向運筆，亦即由上往下抹過，這樣即可營造出雨水垂流的痕跡。要是發現有塗料累積過多的地方，那麼只要用面紙來擦拭即可。希望作業進展得更快時，儘管可以用吹風機來烘乾，但畢竟是由各式各樣的材料所構成，要是使用暖風來烘乾的話，有可能會令意想不到的部位剝落、破裂，因此建議使用冷風來烘乾。

▲用來對關節等細部結構處進行滲流的，是用Mr.舊化漆的鏽棕色和地棕色調色後，加入溶劑稀釋而成的塗料。將該塗料拿去塗佈在空隙部位，即可展現頗有那麼一回事的效果。若是想要做出更寫實的效果，那麼就請觀察一下進行道路施工的工程車、交通護欄等處的鏽漬，拿這些在生活中可看到的褐色汙漬作為參考範本。

▲為黏貼名牌標籤貼紙做出的裝甲板邊緣點上舊化漆，讓塗料能順著微幅的高低落差進行滲流，要領就跟入墨線和定點水洗一樣，這樣即可輕鬆地凸顯出刻線風格的細部結構。儘管這樣做有可能會讓黏合力較弱的貼紙翹起來，卻也會讓該處有如外部裝甲板鬆脫翹起，反而顯得更為寫實，因此不成問題。若是無論如何都不希望貼紙翹起的話，那麼就將雙面膠帶裁切成細條狀，然後黏貼在從外表看不到的貼紙內側吧。

▲再來要用Mr.舊化漆表現出機油和鏽漬從關節部位溢出垂流的痕跡。如果純粹用漆筆描繪出來，就會呈現尚未一路流到底的油漬。要是進一步用指頭很快地往下抹過去，看起來就會像是隱約可見的油漬垂流痕跡。添加舊化時不能只著重其中一種，必須視所在部位而定來分別施加這兩者，這樣才能表現得更為寫實。

▲施加舊化後的狀態。儘管只是用Mr.舊化漆稍微添加了一點汙漬，卻營造出了完全看不出來原有材質為何的寫實效果。灰色本身沒有其他顏色的要素，是最能襯托出舊化效果的顏色。只要比照電影『星際大戰』等1970年代後半至1980年代這段時期的科幻電影道具風格塗裝成灰色，再施加較內斂的水洗，那麼無論是怎樣的物體都能輕鬆地詮釋成科幻機體喔。

▲首先是將TAMIYA舊化大師A套組的沙色塗抹在離砲口稍遠處,接著用泥色塗抹在比剛才稍微接近砲口一點的地方。隨著用這兩種顏色疊合出了棕色,營造出了排氣煙所留下的漸層痕跡。

▲運用棕色營造出漸層的噴煙痕跡後,用TAMIYA舊化大師B套組的煤灰色來塗抹砲口。若是沒辦法將粉末抹進砲口內側,那麼就改用久經使用漆筆或尖頭棉花棒來進行塗抹,這樣應該就能順利做到了。

▲施加舊化後的砲口部位。現實煤灰汙漬並非純粹的黑色,因此要先依序抹上棕色→暗棕色→黑色的方式來呈現漸層效果。重現了這點之後,寫實感也會顯得截然不同。除了砲口之外,也為噴射口和排氣噴嘴等處施加同樣的舊化吧。

▲舊化結束後,為單眼中央黏貼在手工藝材料行買到的萊茵石(彩珠)。這部分只要先將萊茵石放置到定位上,再用極少量低黏稠度速乾型瞬間膠進行滲流即可黏合固定住。若是有因為瞬間膠溢出而變髒的地方,其實也只要在表面稍微塗佈一點棕色系的舊化漆,就能靠著舊化掩飾過去,變得完全看不出來喔。

▶在參考「鋼彈ZZ」和「月鋼彈」故事中的尺寸感之餘,亦往詮釋成1/100比例的方向製作。這件範例的全高約為30公分。

FRONT

LEFT

RIGHT

REAR

林哲平的妄想設定

在建設途中就被棄置的殖民地裡,這架機體靜靜地沉眠於一隅。它是在宇宙世紀初期用來建造殖民地的工程機械。抬頭仰望就曉得,它比一般MS還大上兩號。原本是什麼顏色的呢?如今褪色成灰色的模樣,看起來就宛如墓碑,那或許也點出了這座殖民地的現況。可是一打開駕駛艙蓋之後……這件範例就是基於前述妄想設定製作而成的。

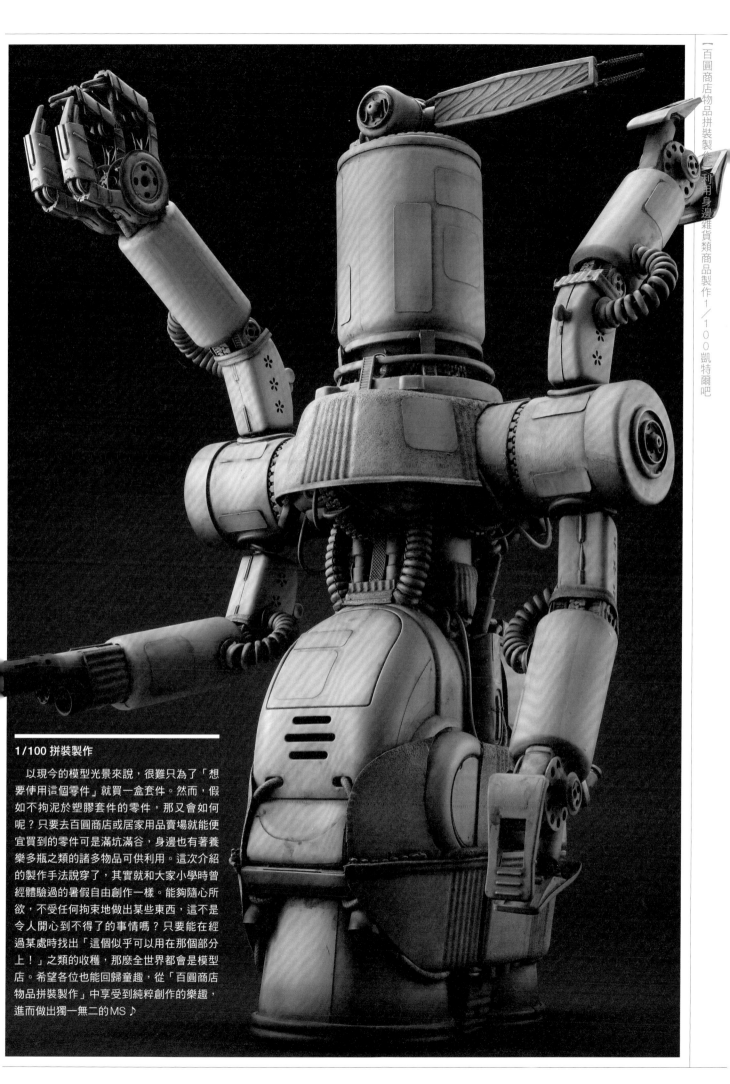

1/100 拼裝製作

　　以現今的模型光景來說，很難只為了「想要使用這個零件」就買一盒套件。然而，假如不拘泥於塑膠套件的零件，那又會如何呢？只要去百圓商店或居家用品賣場就能便宜買到的零件可是滿坑滿谷，身邊也有著養樂多瓶之類的諸多物品可供利用。這次介紹的製作手法說穿了，其實就和大家小學時曾經體驗過的暑假自由創作一樣。能夠隨心所欲，不受任何拘束地做出某些東西，這不是令人開心到不得了的事情嗎？只要能在經過某處時找出「這個似乎可以用在那個部分上！」之類的收穫，那麼全世界都會是模型店。希望各位也能回歸童趣，從「百圓商店物品拼裝製作」中享受到純粹創作的樂趣，進而做出獨一無二的MS♪

可變化拼裝製作

MG版異端鋼彈
紅色機改 ×
MG版異端鋼彈
藍色機D

BANDAI SPIRITS 1/100 scale plastic kit "Master Grade"
GUNDAM ASTRAY RED FRAME KAI+
GUNDAM ASTRAY BULE FRAME D use

在各式拼裝製作手法中，能夠給人帶來最大震撼的，莫過於將無變形機能MS經由追加可變形機構製作成可變形MS的作品了。在本書最後一件，同時也是全新製作的範例中，正是以「變形拼裝製作」為主題。這次要運用就算在歷來的各式鋼彈模型中，也以具備了頂尖水準為傲的2款MG版異端鋼彈進行拼裝搭配，並且從為數眾多的可變機構形式中，選擇賦予就算是初學者也易於模仿，屬於入門取向的四足獸變形機能，讓大家能從中學習到如何設置變形機構。

01 首先從試著變形為動物著手吧

▲這是「MG版異端鋼彈紅色機改（以下簡稱為紅色機）」和「MG版異端鋼彈藍色機D（以下簡稱為藍色機）」。一提到MG版的異端鋼彈套件，不管是哪一款都有著被譽為「小型版PG」也不為過的水準，整體更是製作得極為精湛。這次以照片中這兩者進行拼裝製作，試著追加可變形為四足獸的機能。

▲這是紅色機。配備有2柄日本刀與能夠變形為弓的戰術複合武裝ⅡL，是羅投注了自身一切技術而成的機體。MG的異端鋼彈系列本身就製作得相當精湛，再加上經常安排再度販售，因此非常容易買到，這也是令人欣喜的重點呢。

▲這是藍色機。為能夠進行全方位攻擊的「最強藍色機」。備有蛇龍型攻擊裝備和屬於實體劍的龍騎兵系統，以具備了如同猛獸般尖銳的輪廓為特徵。

▲構思變形機構時，包含確認是否有會卡住的部位在內，必須反覆進行拆解零件的作業許多次。在此是拿專門拿來拆開零件的專用工具WAVE製零件拆解器來處理。光是有了它，作業效率就會快到顯得截然不同。

▶儘管選擇哪一個作為主體都不成問題，不過這次還是挑選了有著強烈的角色個性，同時也是筆者個人最喜歡的紅色機作為主體來追加變形機構。首先是取下戰術複合武裝ⅡL，讓它呈現最基礎的模樣。

▲開始構思變形機構吧。話雖如此，無論是四足獸還是雙足步行的人類，基本上都同樣是生物。光是讓四肢著地就能立刻呈現四足獸的基本模樣。首先是按照一般方式擺出前屈姿勢。由於手腳的長度差異，因此看起來似乎有點勉強，不過這款套件確實也有著足以讓手臂撐到地面的「寬廣可動範圍」。

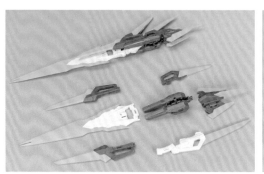

▲照先前的狀況來看，腿部太長會是個問題，那麼就讓腰部反轉過來，藉此在膝關節彎曲的狀態下四足著地。「讓腰部反轉過來」也是在其他可變MS上能看到的變形機構。在腰部裝著劍型龍騎兵系統的狀態下，確認包含輪廓是否有變化之類的差異，並且繼續進行作業。

▲這是藍色機的逆鱗劍。這柄巨劍是由各種龍騎兵和刀槍合體而成。不管哪個部分都有著類似獸爪的形狀，因此就將這些零件當作四足獸的裝飾零件來使用吧。首先是為手掌搭配光束加農砲型龍騎兵系統試看看……看來非常適合拿來作為爪子的零件，一如預料地與四足獸的前足形象完全一致。在構思變形方式時，經由搭配各式零件設法讓心中的念頭能凝聚成形，這對整體作業來說是非常重要的事。

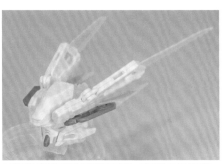

▲光是搭配光束加農砲龍騎兵，高度還是不夠，於是把刀槍的基座裝上去試試。如此作為前足的手臂就夠長了，呈現更具整體感的輪廓。隨著腰部掛載著感測型龍騎兵系統，大腿暴露在外的面積減少了，讓這一帶看起來更像是身體，凸顯出屬於四足獸的樣貌。在製作計畫擬定完成前都不要進行黏合或加工，只要用雙面膠帶暫時固定就好。

▲四足獸不可或缺的就屬尾巴了。在找找看是否有合適的零件之後，發現蛇龍型攻擊裝備中的電池包裝起來剛剛好，於是決定使用該零件。可變MS在架構上無論如何都會有著比較多的零件，MS形態因為重過頭導致無法獨立站穩的情況也不少見，而尾巴在MS形態時就能發揮避免往後傾倒的支架功能。

▲對於決定四足獸的整體形象來說，頭部會是最重要的地方。就算其他部位都相同，光是這裡有所差異，就足以左右讓人覺得看起來像是獅子或大象。在此以藍色機的頭部為芯，經由加裝各式零件構思該怎麼做才好。將刀槍當作頭盔裝上去後，發現往後延伸的模樣看起來很像髮毛呢。

▲以創型龍騎兵系統為中心加裝零件後，發現看起來就如獅子的頭部，這次也就決定製作成百獸之王了！就算一開始並未決定好要變形成哪種動物，在搭配過程中也可能意外地發現很像某種動物，因此規劃頭部的製作計畫可說是相當有意思呢。

▲裝上頭部並變形後，完成了基本樣貌的狀態。儘管乍看之下或許會令人覺得出乎意料，但在C.E.世界中也有著巴庫和拉寇這類四足獸型MS，以及能夠變形為獸型的蓋亞鋼彈，況且異端鋼彈系列亦有著能變形為四足步行形態的幻變機存在，因此就世界觀來看，這種變形方式有著「就算當真存在也不奇怪」的說服力呢。

▲由於背面還空著一大塊位置，因此試著裝上戰術複合武裝ⅡL。為四足獸背面加裝零件時，要記得設法符合變形後的動物形象。以著重於速度的獅子和狼來說，就該加裝推進器，若是動作緩慢，講究營造重量感的大象或烏龜，那麼就得加裝重火器之類的配備。總之，就算是為背面增裝的配備，亦足以用來控制整體給人的印象。

02 規劃獅子頭部的裝設位置吧

▲決定基本樣貌後，暫且變形回MS形態。規劃可變機構的基本原則，就是從先決定變形後的模樣開始，再以不會卡住MS形態為前提來設置變形用的零件，那麼現在的問題就在於該把獅子頭部設置在哪裡？接下來就是要試把獅子頭部設置在各種部位上，以便從中找出最佳的裝設位置。

▲將獅子頭部設置在胸口上是最經典的設計。其源頭在於村上克司大師所設計的『巨獸王』主角機達特紐斯，如今已是經典中的經典。然而這次終究是以任誰都能模仿的簡易製作法為前提，要是設置在胸口上，那麼想要做到能夠變形的程度，肯定需要進行一番大幅度改造，所以姑且放棄這個方案。

▲試著將獅子頭部設置手臂上作為手持式武器和護盾。要能夠手持的話，只要設置可供與主體分離的轉接零件就行，這樣不僅能簡化變形機構，還可大幅降低製作難度。不過以MG版異端鋼彈的臂部保持力來看，獅子頭部顯然過重，設置在該處會很不穩定，因此同樣只能放棄這個架構。

▲將獅子頭部設置在胸口上是最經典的設計。其源頭在於村上克司大師所設計的『巨獸王』主角機達特紐斯，如今已是經典中的經典。然而這次終究是以任誰都能模仿的簡易製作法為前提，要是設置在胸口上，那麼想要做到能夠變形的程度，肯定需要進行一番大幅度改造，所以姑且放棄這個方案。

▲試著將獅子頭部的位置上下顛倒過來。這樣就算是從正面也能看到往外延伸的尖銳零件，形成了比先前更具震撼力的造型。在規劃變形機構時，若是不知該怎麼設置零件才好，不妨將零件往上下左右調整看看。有時光是這麼做，就能解決變形之際會卡住零件的問題，讓造型變得更帥氣的狀況也不少見。

◀作為變通的形式，將獅子頭部裝在肩甲上試試看。儘管有獅王柯博文等機器人採用過這類設計，但在可變機器人中仍屬較罕見的架構。肩甲這一帶不太會卡住其他可動機構，在令MS形態能保有充分可動性之餘，要是還能夠取下來的話，更是可轉接零件裝設在各種部位上。因此本次就往這個方向進行製作吧。

▶儘管讓鬃毛向上豎起確實頗具震撼力，看起來也很帥氣，可是一旦將這架機體放在本書的封面上，那麼鬃毛肯定會遮擋住『鋼彈模型完美組裝妙招集』這段標準字……因此試著將創型龍騎兵改為朝向下方後……雖然看起來不像是獅子頭部了，卻十分神似量子型00掛載在肩甲上的武裝平台呢。

◀MS在設定圖稿中的正面造型，通常是呈現從左前方望過去的站姿。既然如此，相較於設置在右肩，改為放在左肩才算是門面。將獅子頭部移往左肩，設置在最醒目的地方後，呈現了到目前為止最為合適的架構，還要進一步將變形機構調整得更洗鍊。獅子頭部該設置在哪邊才好，其實沒有正確答案可言，希望各位都能用自己的觀點思考規劃一番。

03 試著規劃變形程序吧

▶變形機構的完成狀態。在以先前構思的「獅頭肩甲」為基礎之餘，亦將變形為獅子時所需的區塊整合至背面，讓這部分不會太過於搶眼。追加變形機構後，零件數量無論如何都會增加，導致到處都顯得凹凹凸凸的。如果能把「是否可以整合得更俐落些？」的想法放在心上，那麼會更易於整合變形前後的模樣。光靠文字可能很難說明清楚，因此接下來要讓各位看看變形程序，希望大家都能從中學習到可變機構的規劃方式。附帶一提，儘管這次為了易於說明變形機構起見，除了尾巴以外都是採用完全變形的架構，但實際上零件彼此卡住的狀況會很容易造成破損，因此建議一旦遇到「這裡好像不太容易變形」的狀況，就要立刻將該處的零件拆開來，然後才繼續變形。

▲這是側面照。儘管整合到背面的變形組件頗重，按照現況是無法獨立站穩的，不過讓尾巴充當第三條腿的話，即可穩定地獨立站著了。總之先從讓腰部旋轉180度開始。

▲將臂部向前彎，並且把裝設在手肘處的戰術複合武裝Ⅱ L基座零件翻轉至前方，然後伸出握柄讓手掌握住。

▲將刃槍與光束加農砲型龍騎兵系統轉向前方，讓爪子能夠朝向正面。這樣一來前腿就變形完成了。

▲裝設在腳踝背面處，以戰術複合武裝Ⅱ L用機械臂連接的爪子往下擺。

▲膝蓋朝內側彎曲，讓後腿能與先前變形的前腿一同著地，構成四足形態。MS基本上都是腿部較長，不過只要將腰部反轉過來，讓腿部像照片中一樣彎曲的話，就能抵銷大腿長度的影響，易於整合成四足獸的外形。

▲將設置在後腳爪子兩側的戰術複合武裝Ⅱ L用推進器整個向後翻轉，讓排氣部位能夠朝向後方。這樣一來在化解了後側腳踝一帶的空曠感之餘，亦能增加爪子的分量感，以及營造出具有「加速」機能的效果。

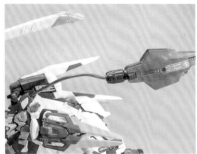

▲接著是讓尾巴變形。該處也是這件範例中唯一需要替換組裝的部位。為了易於理解起見，在此先以取下腰際蛇龍型攻擊裝備用主推進器的狀態進行解說。首先是取下尾巴。尾巴本身是經由鑽挖出3mm孔洞，然後用同直徑廢棄框架來連接的。

▲儘管獅子尾巴應為一整條往後伸長的模樣，但套件中沒有合適的零件可用。因此選用了在大創百貨買的鋁製自由纏線來製作。它的直徑為3mm，只要插入用來裝設廢棄框架的孔洞就能固定住。由於它原本就是金屬紅的，因此與紅色機十分相配。裁切出一段適當的長度後，插入孔洞即可。裁切時請選用刀刃部位較堅韌的老虎鉗來處理。

▲這就是伸長尾巴時的狀態。這部分是直接模仿天狼王型獵魔鋼彈的尾部機構製作而成。靠纏線延伸的機構只要調整軸部就能輕鬆地延長，能夠自由調整尾巴零件的距離，可以輕易地大幅增加變形時的樣貌種類。

▲再來是讓背面組件變形，以藍色機的腰部區塊為中心，展開成連接著身體至獅子頭部的左側區塊、頭部後側的中央區塊，以及連接在藍色機大腿骨架上的佩刀區塊。首先是讓藍色機的腰部區塊轉動90度，使獅子頭部能朝向前方。

▲將連接著獅子頭部的頸部區塊轉動90度，以便設置在MS頭部的前方。從這個位置來看，應該就能清楚辨識出這裡與背面組件的相對位置關係。由於藍色機的腰部區塊是靠著股關節連接到紅色機背部上，因此才能像這樣轉動調整位置。

▲接著是讓中央區塊變形。為了易於理解起見，照片中是以取下獅子頭部處龍騎兵系統的狀態進行解說。這個零件是用異端鋼彈的推進背包連接骨架進行加工，並且套上大腿和藍色機的肩甲而成。首先是讓它的前半部往前方伸出來，以便將方形卡榫插進藍色機背後的孔洞裡加以固定住。

▲用卡榫固定住後，將使用藍色機肩甲製作的後半部朝向後方翻轉過去，藉此與主體的線條銜接起來，這樣一來中央區塊的變形就完成了。儘管獅子頭部頗重，但只要利用中央區塊發揮分擔重量的輔助關節功能，即可大幅提昇變形後的穩定性。

▲將佩刀區塊的方向轉動90度，對齊主體的方向。菊一文字和虎徹都是足以代表紅色機角色個性所在的裝備。在進行以尊重基礎MS為前提的改裝時，只要將足以象徵該機體的零件設置在變形後最醒目之處，即可藉由視覺觀感讓人了解到「啊！這是由那架MS變形而成的」。

▲最後是將劍型龍騎兵系統和刃槍朝後方翻轉，完成獅子頭部的變形。想像這架機體在動畫中大顯身手會是什麼模樣，並且期盼變形場面的最後一幕會是「隨著鬃毛向後翻轉，眼部也喀鏘一聲！散發出光芒，同時亦發出了怒吼聲！」（笑）。就像在『Z鋼彈』片頭主題歌動畫的變形場面裡，也是安排「露出頭部之際，在展開天線的同時，眼部也散發出光芒」。一邊想著最後的招牌分鏡場面，一邊規劃變形機構，就能大幅提高製作的幹勁，為作品投注更多熱愛喔。

 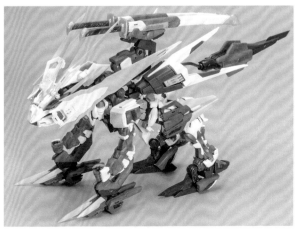

◀變形完成的狀態。除了尾巴的軸部以外，沒有任何額外零件，用近乎完全變形的方式呈現了獅子形態。只要看了這一連串的變形程序就曉得，變形時不可或缺的，並非複雜的機構。設法套用改變手腳位置、讓零件轉動方向之類如同玩拼圖的要素，這才是最為重要的。

04 製作獅子頭部吧

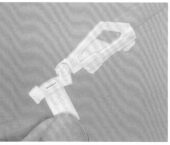

▲雖然和完成狀態的順序前後顛倒，但接下來要詳細說明這件範例的製作重點何在。由於獅子頭部兼具藍色機的武裝平台功能，為了在完成後也能供 MS 形態持拿，以及保留逆鱗劍的變形機能，因此要試著做成可自由裝卸的形式。說到裝卸用卡榫，這部分是拿框架標示牌做出來的。先拿初步修剪用斜口剪裁切出適當大小，再裝進刃槍的這個部分。這次是用保留白色成形色的方式進行製作，就算不管是否會刮漆的問題也行，總之只要調整組裝時的鬆緊程度即可。

▲為了插入用框架標示牌做的連接零件，先拿鋼彈麥克筆入墨線用來畫出參考線，再沿著參考線用 1mm 手鑽來鑽挖開孔，然後用筆刀將這些孔洞削成相連起來的開口。要是削過頭了，就算把連接零件黏合起來也會很容易脫落，因此要一邊削開，一邊拿連接零件比對大小，像這樣反覆進行微調乃是訣竅所在。在 P.62 中也是用相同方式把亞克的單眼護罩削成開口狀，還請各位參考該範例中的說明。

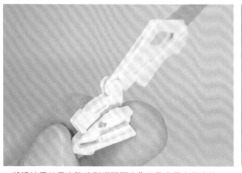
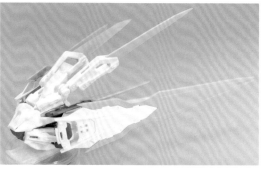

▲將連接零件用高強度型瞬間膠牢靠地黏合固定住之後，刃槍用連接部位就完成了。這樣一來，無論是變形前後都能自由裝卸。不過這樣做確實費事一點，假如不是那麼在意有無這類機構的話，把刃槍直接黏合固定在這裡會輕鬆許多，作業速度也會更快。

▲獅子頭部製作完成的狀態。刃槍、劍型龍騎兵系統、感測型龍騎兵系統均能自由裝卸，可說是附加了作為武裝平台的功能。在追加變形機構時，只要能為變形用區塊賦予在 MS 形態時也有必要存在的意義，即可大幅提高整體的說服力。

▲這是獅子頭部的內部骨架。這部分是以藍色機的肩甲內部骨架作為基本架構。將嘴部一帶削出較大的開口後，再把駕駛艙蓋開闔用連接臂（零件「F9」）黏合在內側。這樣一來駕駛艙蓋就能直接作為頸部使用了。頂面原本用來裝設感測型龍騎兵系統的卡榫則是要全部削平，然後將藍色機的頭部內側骨架黏合至中央。接著在其左右兩側黏合藍色機裝設側裙甲用的骨架。最後是為鼻尖黏合用藍色機肩部（零件「D8」）加工而成的零件。

▲這是獅子頭部的外裝零件。相當於帽簷和額頭處是用藍色機肩甲外裝零件的一部分加工而成，並且用裁切自前臂裝甲處散熱口的某個部位來添加裝飾。眼角一帶是藍色機的護頰來製作，耳部直接使用原本拿來裝設劍型龍騎兵系統的側裙甲。至於頭頂部位則是黏合了膝裝甲。

◀在 C.E. 的世界觀中，巴庫和拉寇是最具代表性的四足型 MS，它們都配備了有如用嘴部啣著的光束軍刀。「獸類用嘴部啣著刀」可說是十分帥氣的情境，因此接下來要試著做出能夠用嘴部啣著菊一文字的連接零件。

▲用蛇龍型攻擊裝備的機翼根部（零件「XD120」）加工做出連接零件。這樣即可藉由插入菊一文字刀柄上的插槽來固定住，另一側卡榫則是用來插入顎部開闔用可動軸的空隙裡。只要像這樣從有著複雜面構成的零件上裁切出必要之處，即可輕鬆地做出連接零件，相當推薦比照辦理喔。刀身原本是藉由刀莖部位插進刀柄裡來固定的，但按照現況來看，刀莖會被連接零件卡住，導致無法插得夠深，因此要將刀莖以能夠固定住刀身為前提進行切削調整，等塗裝完畢後再用強度較高的 AB 膠來牢靠地黏合固定住。

05 思考如何製作變形機構吧

▲用來與獅子頭部相連接的背面組件，選用了藍色機的身體骨架來製作。在將變形時會卡到零件的部位給削掉之餘，亦為駕駛艙設置了膝蓋背面的外裝零件，胸部一帶則是經由黏合蛇龍型攻擊裝備的散熱口來添加裝飾。

▲為了讓獅子頭部在MS形態時能夠轉動至肩部，因此在腹部骨架中央削出了很大的開口，以便擴大可動範圍。當覺得「這裡要是能再多彎過去一點就好了」時，就要先從逐步削掉會卡住的部位開始進行調整。

▲▲為了設置背面組件的基座，因此先將紅色機背部骨架的中央削出開口，以便黏合從藍色機大腿分割出來的軟零件固定用區塊。這部分是需要極大力道的地方，一定要用AB膠牢靠地黏合固定住。

▲作為骨架輔助連接臂使用的背面中央組件。將膝蓋外裝零件如照片中所示地與藍色機肩甲零件拼裝起來後，再分別鑽挖出3mm孔洞，以便用廢棄框架連接起來作為可動軸。裝設位置請參考上方的照片。

▲這是背面中央組件正反兩側的模樣。基本上就是把先前做出的外裝零件套在連接異端鋼彈推進背包用骨架上而已。儘管讓可動骨架外露會顯得很突兀，但只要稍微套上外裝零件，看起來就不會覺得很奇怪了。會看到3mm孔洞的部分，其實也只要黏貼裁切自手肘外裝零件左右兩側的細部結構來掩飾即可。

▲連接推進背包用骨架按照零件原樣是無法固定在外裝零件裡頭的。因此先為該骨架堆疊AB補土，等到異端鋼彈膝裝甲內側塗抹「曼秀雷敦AD」做好脫膜處理後，再將骨架壓進該處並調整位置。呈現半硬化狀態時，即可將骨架從該處剝起。待削掉多餘的補土後，可供固定的部位就完成了。而曼秀雷敦則要記得用Mr.COLOR溶劑擦拭乾淨。

▲佩刀組件的骨架部位是以藍色機大腿骨架為基礎製作而成。掛載佩刀用連接部位是經由黏合戰術複合武裝ⅡL的握柄部位來呈現。由於現階段的股關節會暴露在外，因此從藍色機的肩甲上裁切出梯形結構黏貼在該處作為裝飾。

▲佩刀組件基座是以黏合戰術複合武裝ⅡL的基座為基礎，將球形關節削掉後，改為鑽挖出3mm孔洞，以便用廢棄框架連接佩刀掛架。再來是將原本用來連接推進器的軸棒給削掉，騰出空間後就用來裝設剩餘的軟膠零件（零件「PC204 6」）。由於該處是完成後幾乎不會觸碰到的地方，因此就算不勉強為軟膠零件塗裝也行。

▲為了讓蛇龍型攻擊裝備的主推進器連接基座能連接到主體腰部上，於是在內側設置了連接零件（零件（F4））。與尾巴相連接處選用了藍色機的手腕關節，內側還比照了如同插入3mm軸棒的方式，從固定佩刀時所使用的零件「XD1 20」移植了插裝機翼結構。至於空隙處則是用裁切自膝裝甲的凸起結構添加了裝飾。

▲尾巴是以戰術複合武裝ⅡL的主體部位為基礎，把蛇龍型攻擊裝備用電池包的內側削出缺口後，用照片中的方式組裝而成。為了讓尾巴能夠裝設連接用的軸棒和鋁線，因此從砲口部用3mm手鑽挖出一路通到內側的孔洞。另外，砲口的連接臂部位已經派不上用場了，可以直接削掉。

◀▲儘管臂部基本上就是紅色機的臂部，但必須把戰術複合武裝ⅡL的握把周圍削掉，並且搭配弓箭部位的連接臂作出銜接手肘用連接機構。接著是江刃槍與光束加農砲型龍騎兵系統拼裝成獅子的前腳，隨著能藉由手肘和手掌用握把將這兩處給固定住，得以在提高獅子模式的保持力之餘，亦塑造出具有高度說服力的架構。由於戰術複合武裝ⅡL本身就是多段變形武器，因此相當便於拿來製作變形機構所需的追加零件。

▲後腳是為戰術複合武裝ⅡL的連接臂拼裝刀身中央零件，以及弓箭形態前端零件而成。連接臂所銜接區塊選擇了在軟膠零件和軸棒尺寸方面都剛剛好的藍色機上臂部位，並且利用該區塊連接到紅色機的踝關節上。由於這裡是需要負荷較大力道的部位，再加上有著塑膠和ABS這兩種相異材質，因此不能使用黏合力較強的專用膠水。必須先用2mm黃銅線確實地打樁，再用比較能承受衝擊力道的AB膠來牢靠地黏合固定住。

▲後腳可動連接臂取自戰術複合武裝ⅡL的可動連接臂。在下側的連接臂可動軸處鑽挖出3mm孔洞，插入廢棄框架作為連接推進器用的軸棒。推進器則是如同照片中所示，要在內側鑽挖出3mm孔洞，以便供軸棒插入，藉此讓這個部分在變形時能夠轉動。

▲後腳區塊是經由拼裝弓箭形態前端和戰術複合武裝ⅡL的裝甲部位來做出基礎架構。但照現況來看，內側會留有很大的空隙，因此用切削調整尺寸後的龍型攻擊裝備襟翼零件（零件「K12」和「K13」）來蓋住該處。

▲將連接臂黏合至後腳區塊上時，總覺得黏合面積太小，可能會很不穩定，因此將框架標示牌如照片中所示地黏合到軸部上，使接地面積成為較寬廣的梯形。由於這裡也是需要負荷較大力道的部位，因此等到塗裝完畢後，要用強度較高的AB膠來牢靠地黏合固定住。

▲大腿處要裝上原本設置在藍色機肩部的匿蹤型龍騎兵系統。由於按照零件原樣是無法組裝的，因此要先在紅色機改套件裡屬於多餘零件的突擊刀「破甲者」用收納掛架上裁切出球形關節這一帶，然後再用AB膠牢靠地黏合固定於內側。

▲一提到變形機體，就會立刻聯想到有著閃亮光澤，洋溢著十足重量感的合金玩具。這次是要以較簡單的方式詮釋成合金玩具風格。首先從白色的外裝零件著手。直接為成形色塗裝噴罐版Mr.COLOR的珍珠白。只要稍微噴塗一下，即可讓表面因為珍珠粒子而顯得亮晶晶的。

▲在珍珠白表面用漆膜較堅韌的硝基系Mr.超級光澤透明漆進行噴塗覆蓋。用透明漆層覆蓋住珍珠白後，即可營造出柔順的光澤感，呈現出宛如汽車外殼的效果。由於硝基系透明漆需要花上一段時間才會完全乾燥，因此塗裝後至少要靜置24小時才能進行組裝作業。

▲用擬真質感麥克筆的擬真質感灰色1來入墨線。擬真質感麥克筆的塗料為水性漆，不會腐蝕塑膠，因此就算是可動關節必須承受較大負荷的變形機體，亦可放心地用它來入墨線。附帶一提，搭配硝基系透明漆選用擬真質感麥克筆來入墨線時，一定要等到噴塗透明漆之後再入墨線。若是先入墨線的話，塗料會被透明漆給溶解掉。

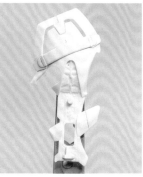

▶這就是施加了珍珠漆塗裝的外裝零件。隨著珍珠漆營造出的粒子感與光澤感，就算是直接在白色的成形色表面進行塗裝，看起來卻有如從底色開始全面塗裝呢。MG版異端鋼彈系列套件的細部結構相當多，如果想要全面入墨線的話，就算是採取簡易製作法也得花上不少時間。不過只要噴塗了珍珠漆，看起來就格外不同，對於時間不夠的人來說，即使省略入墨線也沒關係喔。

▲接著是塗裝骨架部位。既然是要塗裝成以紅色機為主體，那麼藍色機的零件就得塗裝成紅色以求統一。這部分就比合合金玩具風格，試著塗裝成金屬色吧。儘管這部分會選用金屬紅來塗裝，但即使是遮蓋力較強的金屬漆，想要直接塗裝在藍色或黑色零件上的話，發色效果就會比塗裝在紅色零件上更差，而且還會顯得很暗沉。在此也就先塗裝TAMIYA製細緻粉紅色底漆補土作為底色。由於粉紅色底漆補土的遮蓋力較強，因此能提高底色的明度，進而提升金屬漆的發色效果。附帶一提，粉紅色底漆補土僅用來噴塗藍色和黑色零件，紅色零件只要直接噴塗金屬紅就好。

▲用TAMIYA噴罐版純金屬紅來進行塗裝。這款噴罐能重現經由特殊方式施加優美塗裝的馬自達汽車用金屬紅，可以輕易地表現出優美的金屬紅。塗裝時不能急著一舉噴塗出良好的發色效果，必須分成多次反覆進行稍微噴塗一下，接著等候乾燥，然後再度噴塗一下的作業，這才是能夠塗裝得美觀的訣竅所在。

▲純金屬紅塗裝完畢後，用Mr.超級光澤透明漆進行噴塗覆蓋。由於硝基系透明漆的漆膜較堅韌，因此能用來保護漆膜容易隨著摩擦而剝落的關節部位。尤其異端鋼彈的關節在顏色方面都很醒目，再加上這次是做成可變形機體，關節活動的頻率必然會增加，噴塗透明漆加以保護的效果也就格外顯著了。不過正如在外裝零件項目中提過的，硝基系透明漆需要花上一段時間才會完全乾燥。儘管乾燥之後就算觸碰了也不要緊，不過當漆膜內部尚未完全乾燥時，如果急著進行組裝的話，那麼漆膜還是會被刮壞的。以夏天來說要靜置1天，冬天則是要靜置3天等候乾燥，要在這之後才能進行組裝作業。

▲MG版異端鋼彈系列為了避免需要負荷重量的關節部位磨損，因此與PG一樣採用了POM材質來製作零件，不過塗料很難附著在這類零件上，導致這類零件的漆膜只要一經施力就很容易剝落。這也導致遇到必須使用藍色機零件的狀況時，無從塗裝的這類零件無論如何都會顯得很突兀。針對這點，完成後幾乎看不到的腹部，就使用將藍色塗裝成金屬紅的零件。在MS形態和獅子模式時都會暴露在外的背部變形組件，這部分就選用紅色機的零件。

▲MG版異端鋼彈系列為了配合機體本身的主色，就連軟膠零件也會分別製作成紅色和藍色。與先前提到的理由相同，會暴露在外的部分必須花點功夫來處理。以很醒目的背面組件用腰部來說，這裡就選用無須塗裝的紅色機版軟膠零件。即使刮漆了也不起眼，而且易於補色的主體腰部區塊就改用藍色機版軟膠零件，這樣就不用勉強塗裝了。

▲龍騎兵系統的劍刃、菊一文字的刀鍔等部位是用噴罐版金色來塗裝。龍騎兵系統的劍刃原本應為橙色，但由於紅色機衍生型機型的高出力型紅色機等機型在各部位都設有黃色零件，因此以機體本身為準來統一配色的話，即可進一步凸顯出角色個性。

▲黑色部位是用TAMIYA噴罐版金屬黑來進行塗裝。用珍珠漆來塗裝黑色零件的話，不管怎麼塗都會變成銀色，因此想要用最簡單的方式讓黑色零件顯得閃亮，就必須選用一開始就為黑色加入了金屬粒子的塗料來上色，而且要盡可能選用黑色塗料成分多一點的喔。至於紅色細部結構則是經由遮蓋來分色塗裝呈現。

▲腹部灰色零件是用TAMIYA噴罐版雲母銀來進行塗裝。由於灰色與銀色是相近的顏色，因此將整體塗裝成金屬質感風格時，把原本是灰色的部位改為塗裝成銀色，即可塗裝成與原有形象相近的面貌。

▲腹部與小腿處油壓桿就用光澤感很強的TAMIYA噴罐版金屬銀來進行塗裝。金屬漆就算同屬銀色，但隨著塗料相異，塗裝後的效果也會截然不同。因此外裝零件選用較沉穩的銀色，油壓桿則是選用會有粒子雜亂反射感的銀色來塗裝。著重於營造相異材質感，使用複數顏色來塗裝的話，會呈現更為寫實且更具機械感的效果。

07 為手指分色塗裝吧

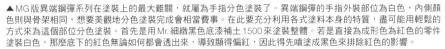

▲MG版異端鋼彈系列在塗裝上的最大難關，就屬為手指分色塗裝了。異端鋼彈的手指外裝部位為白色，內側顏色則與骨架相同，想要美觀地分色塗裝完成會相當費事。在此要充分利用各式塗料本身的特質，盡可能用輕鬆的方式來為這個部位分色塗裝。首先是用Mr.細緻黑色底漆補土1500來塗裝整體。若是直接為成形色為紅色的零件塗裝白色，那麼底下的紅色無論如何都會透出來，導致顯得偏紅，因此得先噴塗成黑色來排除紅色的影響。

▲接著用Mr.細緻白色底漆補土1500來噴塗覆蓋黑色，等到白色呈現良好發色效果後，就依序用珍珠白→Mr.超級光澤透明漆進行噴塗，和其他白色外零件一樣施加珍珠質感塗裝。這樣一來白色的部分就塗裝完成了。

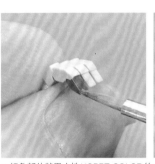   

▲紅色部位就用水性HOBBT COLOR的金屬紅來筆塗上色吧。要是用硝基漆來筆塗的話，一旦塗出界就沒得補救了，不過只要用水性HOBBT COLOR來筆塗，那麼就算塗出界了也能用魔術靈擦拭掉，即使失敗了亦可覆重新塗裝到成功為止。有別於琺瑯漆，水性HOBBT COLOR的漆膜也很堅韌，無論是武器之類部位，還是不時會被觸碰的手指部位，均可放心地用來塗裝。

▲手指分色塗裝完成的狀態。用硝基漆塗裝底色搭配水性HOBBT COLOR筆塗的話，以往被認為很困難的手指部位分色塗裝也能無風險地上色完成。現今有不少MS的手指需要分色塗裝，請務必要充分地應用這個技法來塗裝喔。

▲引擎和散熱口這類在深處設有細部結構的地方，選用TAMIYA琺瑯漆的鈦銀色來分色塗裝。儘管琺瑯漆被觸碰到很容易剝落，但既然位於深處，也就不太會被觸碰到，所以不成問題。況且琺瑯系金屬漆的粒子相當細膩，就算筆塗也易於塗裝得相當美觀，因此視所在部位而定，選擇合適的塗料來上色吧。

08 試著上蠟來保護漆膜吧

▲變形MS需要活動到的關節相當多，無論如何都很容易刮掉漆是弱點所在。在此試著用不織布沾取TAMIYA模型用蠟來為整體上蠟。上蠟之後，表面就變得很光滑，可以減少零件在關節活動時彼此產生摩擦，有著降低刮壞漆膜風險的效果。而且還能避免沾到指紋和灰塵，可說是一舉兩得呢。

▲要是將上過蠟的零件直接拿來組裝，卡榫和關節軸也會變得過於光滑，導致關節和零件組裝的緊密度變得鬆弛。因此這類部位得先拿沾取了Mr.舊化漆專用溶劑的棉花棒把蠟擦拭掉，然後才能進行組裝。把蠟擦拭掉之前，以及擦拭掉之後，關節和零件組裝的緊密度會顯得截然不同，因此請以這方面的差異為基準進行擦拭。

▲經過施加光澤塗裝與上蠟的零件會變得很光滑，細小零件有可能光是用手指拿起來時就噴飛出去。因此要先將手充分洗刷乾淨，提高手指的持拿力道再進行組裝，這樣會比較妥當。組裝時所沾到的指紋和灰塵，只要等到完成後再度經由上蠟擦拭掉即可。

09 為獅子頭部添加眼睛吧

▲這是經過塗裝並組裝起來的獅子頭部。試組時僅用雙面膠帶貼著的零件都已經用AB膠黏合固定住了。此時令人在意之處，就屬位在帽簷內側的空隙了。由於可以整個看到內側是什麼模樣，因此接下來要簡單地為該處添加眼睛，使這一帶能顯得更帥氣美觀。

▲將0.5mm塑膠板裁切成能剛好塞滿內側的形狀。以這種厚度的塑膠板來說，應該只要用剪刀就能輕鬆地裁切完成，可說是超簡單的作業呢。裁切完成後，為該零件貼上在百圓商店買到的綠色箔面膠帶，然後將餘白部分給修剪掉。

▲從上方的空隙將眼部給黏裝進去。只要在內側黏貼雙面膠帶，即可輕鬆地固定住了。既然是不會被觸碰到，也用不著負荷力道的部位，那麼用雙面膠帶來固定就好，萬一發生失誤了也能重來。由於不會發生膠水溢界之類的問題，因此作業時不用太緊繃。

  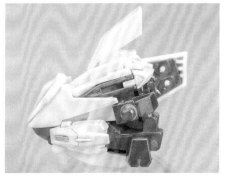

▲增設眼部的狀態。不僅遮擋住內側的骨架，還多了金屬綠的眼部，使獅子看來比之前帥氣許多。不過以現階段來看，眼部實在大了點，顯得有點可愛過頭，因此再稍微花點功夫修飾一下吧。

▲試著減少眼部的面積，讓眼神能顯得銳利點吧。像先前一樣，用剪刀將0.5mm塑膠板裁切成適當尺寸，藉此作為追加在眼部後側的裝甲零件。這部分也要比照其他外裝零件依序用珍珠白和透明漆來塗裝。

▶用雙面膠帶黏貼在眼部後側就完成了。眼部不僅變小，眼神也更銳利，呈現更具獅子的風格。但其實就眼部的位置來說，從正面是無法同時看到左右兩眼的，因此就沒有很嚴謹地做到左右對稱也無妨，只要大致看起來有那麼一回事就行。

▼這是獅子模式。變形為四足獸時，基本上只要經由讓手腳彎曲做到四肢著地，並且加上動物型的頭部就行了，因此是比想像中來得更為單純簡單的變形機構呢。

▲將頭部的劍型龍騎兵系統翻轉過來朝向前方，即可施展衝撞招式「鬃毛攻擊」。這部分參考了洛伊德系列長牙獅零式修奈達組件的機構。

▲變形後可搭配自製連接零件做到啣著日本刀的模樣。

REAR

FRONT

RIGHT

LEFT

使用BANDAI SPIRITS
1/100比例 塑膠套件
"MG"
異端鋼彈紅色機改＋
異端鋼彈藍色機D

林哲平的妄想設定

羅·裘爾不知道從哪裡弄到了藍色機D用的龍騎兵系統。於是基於好玩的心態，試著裝設到了自己的愛機紅色機身上，然而羅本身是無法使用龍騎兵系統的。在歷經一番苦戰調整到能派上用場後，赫然發現紅色機已經變形成了獅子，還馳騁在荒野上……這件範例就是基於前述妄想設定製作而成的。

▼儘管將變形組件整合到了背面，導致顯得重量過剩，但MS形態也能靠著尾巴作為第三條腿發揮支撐功能，因此能夠獨自站穩。

▲▶各部位的龍騎兵系統均可自由裝卸。在製作時也保留了屬於藍色機D首要特徵的逆鱗劍合體機構。

■能夠為MS賦予莫大震撼力的變形機構

MS與變形機構之間有著密不可分的關係。身為所有鋼彈原點的RX-78-2鋼彈就搭載了核心戰機，更備有以這部分為首的分離變形機構，而且最初的主打商品就是CLOVER TOY製「鑄模金屬鋼彈」這款合金玩具。合金玩具是當時的男童著迷不已的變形機構，更是身為主角機器人所不可或缺的。變形機構也隨著技術和設計層面的進步不斷有所發展，Z鋼彈有著將胸部掀起以變形為飛行形態的設計，ZZ鋼彈更是僅憑己身就重現了G裝甲戰機的變形合體分離機構，可見隨著時代不斷進步，變形機構也成了諸多MS所納入的要素。

■動物是最適合作為變形入門的題材

在異端鋼彈系列登場的C.E.世界中，有著蓋亞鋼彈、異端鋼彈幻惑機、野刃等諸多能夠變形為動物型形態的MS存在。儘管這是因為先有巴庫這類獸型MS存在的關係，但以這種變形為動物的機構來說，確實是相當易於做到的變形。MS確實是模仿人類直立的模樣沒錯，不過人類姑且也算是一種動物。只要做出四肢著地的動作，立刻看起來就會像是動物了。因此只要設法為頭部區塊加上點什麼，即可讓整體看起來像是四足獸類中的某種動物。請試著想像成要靠著更改頭部和配色來研發出相異版本的變形玩具吧。如此一來，腦海中是否也隨之浮現了各式各樣的靈感呢？

■設置變形機構就像在玩拼圖一樣

變形這事其實很簡單。各位或許會率先聯想到將各個部位給展開、收納起來這類機構的Z鋼彈和Ex-S鋼彈等MS，但這些基本上就只是在更動零件的位置而已。說穿了就是從站著的模樣改為趴下，並且讓手腳適度地彎曲罷了。光是這麼做就能令整體的輪廓顯得截然不同，看起來就宛如其他的東西。因此不用把「變形」想得太難，當成是在玩拼圖就好。將名為鋼彈模型的拼圖拿在手裡，在任意把玩一番的同時，你肯定也能發現唯有自己看得到的嶄新面貌才是。拼裝製作原創鋼彈模型時，能夠發揮出最大效果的，就屬設置變形機構了，希望各位也挑戰看看喔♪

週末動手做 鋼彈模型

完美

組裝妙招集

～鋼彈簡單收尾技巧推薦～

拼裝製作篇

Author
林哲平
Teppei HAYASHI

CG WORKS
STUDIO R

PHOTOGRAPHERS
STUDIO R
本松昭茂 Akishige HOMMATSU(STUDIO R)
河橋将貴 Masataka KAWAHASHI(STUDIO R)
岡本学 Gaku OKAMOTO(STUDIO R)
関崎祐介 Yusuke SEKIZAKI(STUDIO R)
塚本健人 Kento TSUKAMOTO(STUDIO R)

ART WORKS
広井一夫 Kazuo HIROI[WIDE]
鈴木光晴 Mitsuharu SUZUKI[WIDE]
三戸秀一 Syuichi SANNOHE[WIDE]

EDITOR
王鑫彤 Xintong WANG

SPECIAL THANKS
株式会社サンライズ
株式会社BANDAI SPIRITS ホビーディビジョン
バンダイホビーセンター

出版 楓樹林出版事業有限公司
地址 新北市板橋區信義路163巷3號10樓
郵政劃撥 19907596 楓書坊文化出版社
網址 www.maplebook.com.tw
電話 02-2957-6096
傳真 02-2957-6435
翻譯 FORTRESS
責任編輯 吳婕妤
內文排版 謝政龍
港澳經銷 泛華發行代理有限公司
定價 480元
初版日期 2024年5月

後記

作者個人非常喜歡以鋼彈模型為題材的傳奇漫畫『模型狂四郎』！在該作品中最喜歡的一幕，就屬主角狂四郎首度讓自行改裝製作出的原創鋼彈模型「全備型鋼彈」亮相這個場面了。他迅速地拿出全備型鋼彈的那瞬間，周遭也為之「喔喔！」地讚歎不已。這對模型玩家來說豈不是至高無上的喜悅嗎？而作者在做鋼彈模型時最喜歡的，當然也是拼裝製作原創鋼彈模型囉！當範例刊載在雜誌上的時候，作者希望能讓看到它的讀者們不禁驚嘆「喔喔‼這個月是這樣做啊！」。畢竟當作者仍是一介讀者的時期，每個月看到HOBBY JAPAN上的範例也是驚嘆不已。在居於作家的立場後，作者在做拼裝製作範例時，想要「希望能親手重現那個場面！」「希望做出連以前的自己也會大感驚訝的作品！」的念頭也變得更加強烈。在力求讓自己想到的點子能更為洗鍊後，能夠做出足以自豪地說道「這就是只屬於我的鋼彈模型！」的原創鋼彈模型，這真是令人再快樂也不過的時候。能夠與大家共享做出了獨一無二作品的喜悅，作者也覺得開心極了。最後想說的是，儘管只收錄拼裝製作系範例的做法，對於圖解製作指南類書籍來說是前所未見的，卻二話不說地批准這個提案的HOBBY JAPAN月刊副總編輯木村學先生、因為我在製作每件範例時都把美觀帥氣擺在第一優先，導致攝影時要費很大功夫擺設姿勢，更在為原創範例取名和調整方面大顯身手的責任編輯王鑫彤先生、在作者前往公司交件時總是露出笑容迎接的HOBBY JAPAN編輯部諸位成員，以及這次為了推出包含『鋼彈模型完美組裝妙招集 機動模型超級技術指南』在內的2本書籍，因此每天都過著「真希望能再多一點點製作時間也好」的忙碌生活時，在家庭裡從旁支持我的妻子史惠，作者要在此向各位致上衷心的感謝。來吧，一起動手做，製作出獨一無二的鋼彈模型吧！

Teppei HAYASHI

林哲平